山西饲草

产业发展与实践

山西省畜牧技术推广服务中心 编

 中国农业科学技术出版社

U0306127

图书在版编目（CIP）数据

山西饲草产业发展与实践/山西省畜牧技术推广服务中心编. --北京：中国农业科学技术出版社，2022.12

ISBN 978-7-5116-6089-3

Ⅰ.①山… Ⅱ.①山… Ⅲ.①饲料工业－经济发展－研究－山西 Ⅳ.①F326.372.5

中国版本图书馆CIP数据核字（2022）第 240635 号

责任编辑 崔改泵
责任校对 王 彦
责任印制 姜义伟 王思文

出 版 者 中国农业科学技术出版社
　　　　　 北京市中关村南大街 12 号　　邮编：100081
电 话 （010）82109194（编辑室）　　（010）82109702（发行部）
　　　　　 （010）82109709（读者服务部）
网 址 https://castp.caas.cn
经 销 者 各地新华书店
印 刷 者 北京地大彩印有限公司
开 本 185 mm×260 mm　1/16
印 张 10.75
字 数 233 千字
版 次 2023 年 1 月第 1 版　　2023 年 1 月第 1 次印刷
定 价 100.00 元

《山西饲草产业发展与实践》

编 委 会

主　　编：侯东来　赵　祥

副 主 编：杨子森　王政坤　张　婷　赵宇琼

编写人员（按姓氏笔画排序）：

王永新　王政坤　方志红　石永红　巩　飞　乔　栋

乔建伟　刘建宁　闫科技　许庆方　负红梅　杨　轩

杨子森　杨建军　张　婷　张亚强　赵　祥　赵宇琼

侯东来　贾　嫘　贾利君　高　鹏　高文俊　梁银萍

前　言

　　饲草是草食畜牧业发展的物质基础，饲草产业是现代农业的重要组成部分，是调整优化农业结构的重要着力点。为加快建设现代饲草产业，促进草食畜牧业高质量发展，提升牛羊肉和奶类供给保障能力，"十三五"以来，山西省高度重视饲草产业发展，相继积极实施草原生态保护补助奖励、粮改饲、振兴奶业苜蓿发展行动和雁门关农牧交错带建设等项目，草食畜牧业快速发展，优质饲草需求快速增加，带动饲草产业快速发展。

　　"十三五"期间，山西省朔州市作为全国唯一整市推进草食畜牧业试验试点市，突出牛、羊、草三大产业，把饲草作为种植结构调整的主抓手，大力发展草业。朔州市种草面积达6.2万hm²，全市购置饲草机械670台（套），形成151个全株玉米收贮服务组织，建成苜蓿、燕麦草收获加工龙头企业5个，拥有大型苜蓿收割加工机械130台套，日收割加工能力达1万亩；创新草食畜牧业发展模式，建立草畜一体化示范点，发展现代化养殖示范场，推广"牧繁农育""种养结合，农牧循环"等发展模式。山西省以雁门关区域草食畜牧业发展为主要突破口，坚持立草为业，创新草食畜牧业发展模式，大力扶持饲草龙头企业，加强牧草加工基础设施建设，支持牧草企业建设草棚草库，配套先进的饲草收获、加工、贮运等机械设备，提升饲草加工能力和水平。在雁门关区域已建成高产苜蓿、饲用燕麦、饲用玉米生产基地13.47万hm²，该区饲草社会化服务组织发展到了236个，占全省的90%（其中饲草种植企业169家，占全省的92%；饲草加工企业47家，占全省的92%；饲草种植加工一体化龙头企业20家，占全省的74%），拥有大型饲草机械214台套，中小型饲草机械6 630台套。经过培育，草食畜牧业试点工作取得了显著成效，朔州市草食畜牧业总收入达90亿元，农村常住居民人均草食畜牧业纯收入达到3 500元，两项指标均比2015年翻了一番。雁门关区域内农业结构得到不断优化、农牧产业加快升级、农民收入快速增长、生态环境明显改善，草食畜牧业取得了长足的发展，起到了示范引领作用，为全省草食畜牧业发展积累了宝贵经验。

　　从2020年开始山西省遵循种养结合、草畜配套、因地制宜、多元发展，突出重点、统筹推进、市场主导、创新驱动的原则，在全省全面推开饲草产业发展，加快技术创新、模式创新、产品创新，提高饲草产业质量效益和竞争力。山西省优质饲草生产能力稳步提升，优质饲草种植面积达16.8万hm^2，位居全国第9位，比2015年新增7.4万hm^2，全省优质饲草产量达到496万t。产业组织化水平明显提高，全省85%的全株青贮玉米通过种养一体化或订单收购方式生产和销售，95%的优质苜蓿基地由专业化饲草生产加工企业建设，饲草种植加工企业数量达到263家，比2015年增长近3倍；饲草产品质量稳步提升，80%的全株青贮玉米达到良好以上水平，二级以上苜蓿占到70%。根据山西省南北狭长、纬度气温相差较大的特点，探索推广"南北互补、粮草兼顾、农牧循环"模式，积极开展麦后复播饲草，推广青贮玉米深松密植高产新技术，探索建立了"小麦+青贮玉米""小麦+饲用大豆""两茬青贮玉米+小麦""青贮玉米+饲用燕麦""青贮玉米+苜蓿""青贮玉米+饲用小黑麦"等组合模式，取得了经济效益、社会效益、生态效益共赢的良好成效。优质饲草供应增加，有力促进了草食畜牧业高效发展，奶牛存栏38.2万头，比2015年增长79.2%，奶产量117万t，每产出1 t牛奶的精饲料用量减少12%；肉牛存栏79万头、出栏48万头，比2015年增长近2倍；羊存栏970万只、出栏573万只，比2015年分别增长58.5%、16.5%。

书中针对山西省资源禀赋，结合山西省饲草产业发展现状、产业发展模式、技术模式实践等经验和教训，全面总结了近年来山西饲草产业所做的重点工作和取得的成效。从山西省南北狭长、晋南地区光热资源丰富等地理气候自然条件，雁门关饲草龙头企业的产业带动能力，日渐看好的饲草市场前景，复播地、冬闲田可供种植饲草挖掘的土地空间等方面分析了山西饲草产业发展的优势和面临的机遇；又从饲草产业发展面临的土地流转、规模化经营、机械制约、交通运输等方面分析了其制约因素；根据山西省南北狭长、纬度气温相差较大的特点，探索推广"南北互补、粮草兼顾、农牧循环"模式，多元生产模式初步形成。

面对山西饲草产业发展区域不平衡、饲草规模化生产难度大、政策扶持力度不够、大食物观观念树立不够、种养循环模式有待加强等饲草产业发展问题，山西省坚持生态优先、草畜结合、农牧循环，在保障生态安全和提升粮食产能的基础上，调优结构、调高质量、调特产品，结合奶业强省战略、晋北肉类出口平台和十大产业集群建设，进一步优化雁门关区域农业结构，支持朔州、大同等地建设优质牧草基地，发展青贮玉米、苜蓿、燕麦草等优质饲草种植，到2025年，创建全国一流的现代饲草龙头企业10个、10万亩以上的饲草基地10个，在全省发展35个饲草种植加工大县，按照"南北互补、中部突破、全面发力、整体提升"的总体思路，在稳定雁门关区域饲草生产的基础上，在晋南、晋东南地区推广麦后复播饲草，在中部推广青贮玉米与冬闲田饲用小黑麦轮作，通过政策引导、资金扶持、典型示范、强化服务，在全省布局建设50个优质高产饲草生产基地。支持饲草龙头企业加强饲草加工基础设施建设，建设饲草加工收储基地，配套先进的饲草种植、灌溉、收获、加工、贮运和检验检测等机械和设备，推广饲草生产新品种、新技术、新模式，提升饲草加工能力和水平，扩大饲草种植面积，促进饲草产业高质量高速度发展。到2025年，全省优质饲草种植面积达到30万hm²，饲草产量达到1 000万t，产值达到20亿元。全国对优质饲草的需求缺口还有5 000万t，市场前景好；全省玉米收获后适合种草的晋中、太原盆地冬闲田约22万hm²，适合麦后复播饲草的运城、临汾、晋城等地面积为32.13万hm²。另外，全省还有果园38.13万hm²、复垦地4.6万hm²、沿黄河滩涂地4万hm²，土地资源为饲草产业发展提供了较大的空间。

本书的初衷是总结山西省近年来饲草产业发展的现状，为山西各地饲草产业发展提供参考，许多数据和模式总结来源于企业和生产实践，在数据和文献引用过程存在不足之处敬请见谅。同时本书的问世要感谢山西省畜牧技术推广服务中心和山西农业大学草业学院的大力支持。

编 者

2022年10月

目 录

第一章

山西省饲草生产资源及优势[*]

山西省整个地形表现为东北高、西南低，高低起伏异常显著。纵观山西省全貌，东西两侧为隆起山地，中部为一雁行排列的断陷盆地，东侧有恒山、五台山、系舟山、太行山、太岳山和中条山，西侧有洪涛山、管涔山、芦芽山、云中山和吕梁山及晋西黄土高原，中部自北向南有大同盆地、忻定盆地、晋中盆地、临汾盆地、运城盆地等。除中南部的几个盆地和谷地地形较低以外，大部分地域海拔在1 000 m以上，与其东部的华北平原相比，呈现强烈的隆起形势，造成山西山地多、平川少，其中土石山区面积5.59万km²，丘陵面积约6.98万km²，平原面积3.09万km²，分别占到全省国土总面积的35.7%、44.6%和19.7%。山西省山地、高原、丘陵、盆地等复杂地形造成气候复杂多样，降水资源分配不均衡，雨热基本同季等特点使得农作物种植和饲草生产制度多呈一年一季或一年两季生产方式。土地资源相对丰富，为农区饲草生产提供了土地资源，但是全省约有85%以上的土地为黄土和次生黄土所覆盖，而且各类土地所占的比例不尽合理，制约了山西草业发展。本章结合气候、土地和牧草等资源的现状分析山西省发展草业的资源禀赋能力和生产潜力。

第一节　气候资源

气候资源是一个地区的气候条件为植物生长所提供的自然物质和能源，及其对生产发展的潜在能力。如光、热、水、气等气候资源，对植物而言犹如氮、磷、钾等营养元素一样，缺一不可，不可替代。光能是植物进行光合作用、积累有机物质的能量源泉；热量是植物体内生化反应得以进行、作物能生长发育的重要环境条件；水是植物生活必需的物质，参与光合作用和能量贮存；空气的运动性和含碳性是作物生存的重要因素，风促进热量和水汽的交换、土壤和植物的蒸发蒸腾；二氧化碳是光合作用必需的原料、植物体干物质中的主要组成部分的原料。可见，气候资源不仅是农作物生育的外界环境条件，而且直接为植物生产提供物质基础和能量源泉，直接制约着植物生长发育和产量形成。

---

*　引自：白锐铮的《山西农业资源与区划》（2020年）。

一、光热资源

（一）光能

1. 太阳辐射

山西省太阳辐射总量为4 900～6 000 MJ/（m²·a），仅次于青藏高原和西北地区，是我国光能资源高值区。年辐射总量分布大致由东南向西北递增，西部山区较多，南部盆地较少，南部光能资源年内分配比较均衡，而北部则集中于夏季；临县、静乐、宁武、繁峙、五台山一线以北的广大地区，太阳辐射总量均在5 800 MJ/（m²·a）以上，最大值在西北的右玉；南部的临汾、运城一带阴天较多，辐射总量相应较少，均在5 200 MJ/（m²·a）以下，最小值出现在运城、平陆一带，仅为4 900 MJ/（m²·a）。各地年辐射总量具有明显的季节变化，大致呈冬季少、夏季多的变化趋势。各季总辐射量的变化状况是：春季（3—5月）各地总辐射量一般为1 507～1 842 MJ/（m²·a），占全年总量的29%～31%；夏季（6—8月）是太阳总辐射量最大的季节，约为1 717～2 010 MJ/（m²·a），占全年总量的30%～35%；秋季（9—11月）辐射总量由南向北相应减少，约为1 005～1 256 MJ/（m²·a），占全年总量的21%左右；冬季（12—2月）辐射总量最小，约为711～837 MJ/（m²·a），仅占全年辐射总量的15%～17%。

山西省光合有效辐射量2 400～2 900 MJ/（m²·a），分布规律与年总辐射量的分布趋势一致，太原以北一般2 500～2 900 MJ/（m²·a），太原以南2 200～2 500 MJ/（m²·a）。山西省作物生长期间（日温≥0℃）的光合有效辐射为1 840～2 200 MJ/（m²·a）；作物活跃生长期（日温≥10℃）的光合有效辐射为1 300～1 800 MJ/（m²·a）。南部和北部≥10℃期间的光合有效辐射值差异不大，一般为1 340～1 760 MJ/（m²·a）。这种光能资源的年内分配状况，南部有利于一年两茬饲料作物生产，北部有利于多年生牧草生长发育。

2. 日照时数

山西省年日照时数在2 200～3 000 h，年日照百分率为50%～65%，呈盆地少于山区、南部少于北部的分布趋势。晋西北的左云、右玉一带及西部山区高山地带日照时数较高，为2 900～3 000 h，日照百分率为60%～65%。五台山地区虽然海拔较高，但因阴雨天气多，日照时数较少。晋南盆地及东部山区的川谷地带日照偏少，普遍在2 300～2 500 h之间，其中运城最少，仅2 232 h，日照百分率为50%～55%。其他各地光照时间为2 500～2 900 h，日照百分率在55%～60%。一年中日照时数以5月、6月为最多，北部地区月平均达270～290 h，南部地区一般为230～260 h；大部分地区11月日照时数最少，一般在200 h以内；7月、8月正值雨季，云量多，日照时数相对减少，对大秋作物生长发育有一定影响。

近60年山西省各季节日照时数变化呈下降趋势（图1-1），年平均日照时数下降幅度为8.5 h/10 a。春季日照时数下降幅度为5.8 h/10 a，夏季日照时数下降幅度为11.6 h/10 a，秋季日照时数下降幅度为6.2 h/10 a，冬季日照时数下降幅度为12.6 h/10 a。

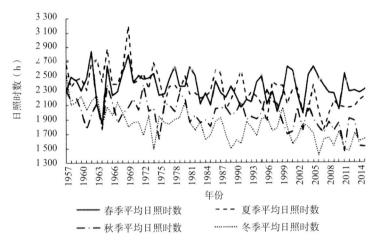

图1-1　山西省近60年平均日照时数变化（杨军等，2018）

（二）热量

热量是饲草生长发育的重要条件，是衡量气候资源的主要指标。年均温、积温和极端温度是表示某种饲草整个生育期所需的热量指标。

1. 年均温

山西省绝大部分地区年均温介于4～14℃，总分布趋势是由北向南升高，由盆地向高山降低。境内中部的东西山区和大同部分地区，年均温在8℃以下，晋中、晋西北地区在4～6℃，中高山区在4℃以下，忻定、太原盆地、晋西北黄河沿岸、晋东的阳泉、平定和晋东南大部分地区在8～10℃；临汾、运城盆地及中条山以南的河谷地带年均温为12～14℃。

山西省各地年均温年际变化幅度一般在2℃左右，基本上随纬度增高而加大，且盆地大于山区（图1-2）。夏季气温年际变化规律与变化幅度也不相同，运城变幅为4.3℃，而其他地区均在4℃以下。冬季平均气温的年际变化幅度基本上呈北部大于南部，山区大于盆地的趋势（图1-3）。春季气温平均上升幅度为0.3℃/10 a，夏季气温上升幅度为0.1℃/10 a，秋季气温上升幅度为0.2℃/10 a，冬季气温上升幅度为0.4℃/10 a，年平均气温上升幅度为0.3℃/10 a，冬季气温增幅最大（图1-3）。

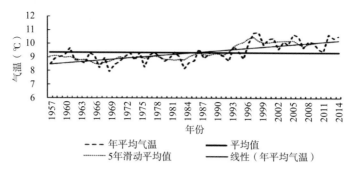

图1-2　山西省近60年四季平均气温变化（杨军等，2018）

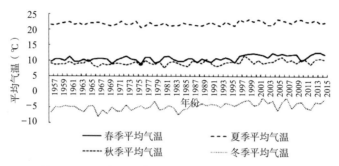

图1-3　山西省近60年年均温变化（杨军等，2018）

2. 积温

一般采用日平均气温≥10℃作为积温指标，是区域气候、农作物熟制、草地型组成和适宜草种区划的重要指标。山西省≥10℃积温持续日数和积温，在地区分布上，运城、临汾盆地初日在4月上旬，终日在10月下旬，活跃生长期为200～210 d，≥10℃积温80%的保证值为4 000～4 500℃；太原盆地和晋城、阳城、阳泉等地初日在4月中旬，终日在10月中旬，活跃生长期为180～190 d，≥10℃积温80%的保证值为3 500～3 900℃；忻定、上党盆地及西部黄河沿岸初日在4月20日前后，终日在10月上旬，活跃生长期170 d左右，≥10℃积温80%的保证值为3 000～3 300℃；大同盆地及广灵、灵丘等地初日在4月底，终日在9月底或10月初，活跃生长期155 d左右，≥10℃积温80%保证值为2 800～3 000℃；晋西北右玉、五寨一带初日在5月上旬，终日在9月20日前后，活跃生长期135 d左右，≥10℃积温80%的保证值为2 200～2 400℃。中部与北部一些中高山区的热量资源不足，活跃生长期一般都在120 d以内，≥10℃积温80%的保证值低于2 000℃。

山西省积温持续日数是由南向北递减趋势，呈现出明显的纬度地带性和垂直地带性特征，晋南盆地区持续日数最长，达229.2 d；晋北地区和东西部中高山区较短，持续日数<180 d。中部盆地、中低山区和晋东南地区持续日数在180～210 d，山西北部和吕梁山区高海拔地区≥10℃积温持续日数小于100 d（图1-4）。

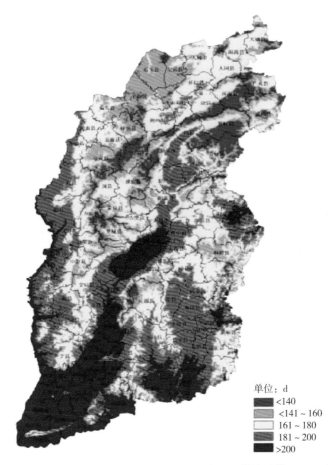

单位：d
- <140
- <141～160
- 161～180
- 181～200
- >200

图1-4 山西省≥10℃积温持续日分布示意图（芦艳珍等，2020）

3. 无霜期

无霜期是衡量植物生长期的重要指标。无霜期愈长，生长期也愈长。无霜期的长短因地而异，一般纬度、海拔高度愈低，无霜期愈长。山西省内无霜冻期分布较为复杂，山西省无霜期整体呈现为东北部和高海拔地区较短、西南部及盆地区较长（图1-5c），自北向南平均为120～220 d，运城、临汾、阳城、晋城盆地无霜期为180～210 d，太原和忻定盆地、晋东南大部、晋西黄土丘陵区、太行山中部等地无霜期为160～180 d；其余地区无霜期不足160 d，晋西北高寒地区仅为120 d左右。山西终霜日由西南向东北部逐渐推后（图1-5a），东西部山地丘陵区、西南部及中部盆地平原区（忻定平原、太原盆地等）基本在4月底前结束霜期，太行山、吕梁山以及北部较晚部分地区延续到5月底之后；初霜由东北向西南依次出现（图1-5b），东北部、太行山和吕梁山海拔较高地区最早进入霜期，在9月底之前，西南部丘陵区、中部盆地区及东西两侧平原较晚，西南部的运城市、临猗县、永济市等地10月27日后才进入霜期。吕梁山、五台山等高海拔地区无霜期不足80 d，运城地区则长达200 d以上。

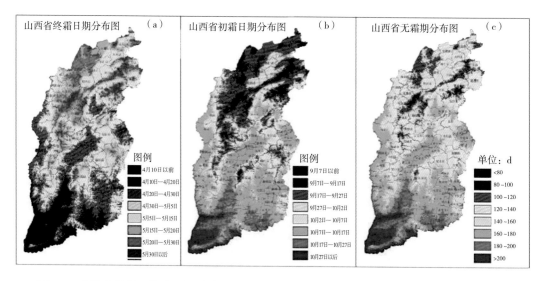

图1-5 山西省终霜日期（a）、初霜日期（b）和无霜期（c）分布示意图（张蕾等，2020）

另外，极端温度对植物生长和灾害出现影响也较大。山西省年最高气温在35~42℃之间，最低气温在-14~-40℃之间。极端最低气温各地差异较大，一般出现在12月到翌年2月，晋北和吕梁、太行山区为-30~-40℃。

二、降水

在光、热条件满足的情况下，水分是决定饲草生产和产量水平的主要因素。山西由于地形复杂、坡度大、沟壑多、植被覆盖差、降水年内季节分配不均，除少数高山区外，大部分地区年降水量为400~650 mm。山西降水量空间分布特征是：从东南向西北递减，山区多于盆地，山地迎风坡多于背风坡，并随海拔高度的增加而增加，而且由于地形的抬升作用，致使山地降水量普遍多于川谷（表1-1）。

表1-1 山西省年降水量的地区分布

年降水量（mm）	分布区域
>700	五台山顶等海拔2 000 m以上的山顶
600~700	中条山东段，陵川东部山区，太岳山区，五台山区，关帝山和芦芽山的高山区，晋东南太行山区，临汾、晋中东部山区及吕梁山区中南部
500~600	临汾、运城盆地和西部黄河沿岸南段
450~500	太原盆地及黄河沿岸中段、忻定盆地
400~450	晋西北地区大部，大同盆地及繁峙、平鲁西部等地
<400	晋西北少数地区

　　饲草生长发育过程中对水分的要求不仅受总降水量的影响，而且降水量的季节分配影响更大。山西由于季风气候环流的交替，降水量在时间分布上很不均衡，季节性变化比较突出。山西降水量时间分布特征是：夏季（6—8月）降水高度集中，降水量250~400 mm，占全年降水量的50%~65%，且多暴雨，强度较大；秋季（9—11月）降水量80~160 mm，占年降水量的20%~30%；冬季（12月至翌年2月）降水量8~25 mm，仅占年降水量的2%~5%；春季（3—5月）降水不多，降水量为55~120 mm，占年降水量的15%~20%。

　　由于季风环流每年进退有早有迟，影响有强有弱，致使雨期长短和降水量多少、气候变化都很不稳定，致使山西降水的另一特点是年变化率大，呈明显的经向分布，由东往西增加。多雨年和少雨年降雨量可相差2~3倍，平均年变化率一般为10%~25%，最大可达50%左右。

三、自然灾害

　　自然灾害给植物生长造成损害或对人类生存带来危害，山西省自然灾害主要有干旱、洪涝、低温霜冻、冰雹大风等。山西省近10年来的主要气象灾害有干旱、冰雹、风灾、病虫害、霜冻、低温冷害、暴雨、洪涝、连阴雨、干热风、雪灾等（图1-6）。其中，干旱的情况最多，占57.5%，超过其他灾害的总和；其次是低温冷害、霜冻、冰雹、连阴雨、病虫害、暴雨，所占的比例均为5%~10%，远远低于干旱；风灾及其他灾害所占的比例在1%以下，对山西省农业生产造成的灾害较小。

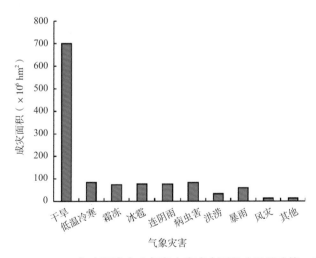

图1-6　2006—2017年山西省农业气象灾害成灾面积（田国珍等，2018）

（一）降水灾害

　　干旱一般使用降水百分率作为衡量干旱程度的标准，年降水量负距平均降水量大于或等于30%定为旱，大于或等于50%定为大旱，干旱使土壤水分不足、植物水分平衡遭到破坏而减产。山西的干旱主要是由地形、地理位置和季风环流年际变化不稳定造成的，呈现的特点是干旱年频繁出现和干旱连年发生。特别是春季，山西上空仍然是受寒冷干燥的冬季风控制为主，降水稀少。加之春季气温回升快、风速大、蒸发强，容易形成春旱。山西夏、秋季的干旱也常有发生，主要是由于季风环流发生异常，导致降雨带发生跳跃或不规则变化的结果。

与旱灾相比较，山西省洪涝灾害的发生频率、危害面积都比较小，但是局部地区大雨、暴雨或大范围较长时间连阴雨造成大量地表径流的洪涝时有发生。

（二）低温霜冻

春末和秋初的相对温暖时期，日均温高于0℃而地面和植物表面温度骤降至0℃以下使植物遭受冻害或死亡，一般出现在夜晚和凌晨，分为初霜冻和终霜冻。山西初霜冻一般发生在9月、10月间，北部和山区偏早，南部偏晚，山区和北中部地区受害重，南部受害较轻；山西终霜冻出现日期的地理分布是由南部的4月上旬开始，逐渐向北移推迟到5月底至6月初结束，长达两个月（表1-2）。

表1-2　山西省霜冻时间的地区分布

区域	初霜冻时间	终霜冻时间
大同市左云县，朔州市右玉县、平鲁区，忻州市神池县、五寨县、岢岚县、宁武县	9月中旬	5月下旬至6月初
大同市中东部各县，忻州市静乐县，太原市娄烦县、古交市，吕梁市岚县、兴县，晋中市和顺县	9月下旬初	5月中旬
忻州市东部县区（除高山区外），太原市阳曲县，晋中市寿阳县、昔阳县、左权县，阳泉市盂县，吕梁市中阳县，临汾市蒲县，晋城市陵川县	9月下旬后期	5月上旬
吕梁市、晋中市大部，长治市，临汾市隰县、汾西县	10月上旬	5月上旬
临汾市除隰县、汾西县、蒲县、尧都区、襄汾县等以外大部县区，晋中市和太原市平川大部分县（市、区）	10月中旬	4月下旬
运城市大部分县以及临汾市尧都区、襄汾县	10月下旬	4月中旬
运城市新绛县、临猗市、永济市、平陆县	10月底至11月初	4月上旬

（三）冰雹、大风

山西山峦起伏、沟谷盆地掺杂、植被不良，地面受热不均，极易形成局部强大的热力对流，促进雹云的生成与发展，产生降雹天气。山西每年都有不同程度的冰雹发生，是国内冰雹灾害较严重的省份之一。

大风是山西境内经常发生的一种严重灾害性天气，一年四季均可出现。山西地理位置偏北，海拔较高，境内太行、吕梁两大山脉呈东北—西南走向，黄河谷地与中部盆地呈狭长带状，当气流从开阔的地方进入时，极易产生狭管作用，促使风力加大形成大风。根据成因不同，山西境内的大风天气主要有天气系统性大风、雷雨大风和龙卷风三种。总的分布趋势是：晋东南大部分地区，临汾盆地及西部黄河沿岸的中南部，大风日数偏少，一般在20 d以内；晋中东山区、太原盆地、浑源、灵丘、忻州等地，大风日数较多，一般在30 d左右；大同、河曲、宁武等地为多风地区，大风日数一般都在40 d以上；五台山大风最多，为189 d；晋西北地区大风多夹带风沙天气，危害较大。在季节分配方面，大风日数大多集中在春季，占全年的40%～50%。春旱时大风，加快了土壤墒情流失的速度，给春播带来很大困难。

第二节　土地资源

土地资源是人类生存的基本生产资料和劳动对象。按土地利用类型划分，土地资源可分为农用地（包括耕地、园地、林地、草地、其他农用地）和未利用地。

一、山西土地资源概况

山西省国土总面积为15.66万km²，全省地面物质组成以黄土广泛覆盖为特征，约有85%以上的土地为黄土和次生黄土所覆盖，为黄土高原的重要组成部分，黄土系第四纪堆积物，具有质地疏松、多孔隙易溶蚀、垂直节理发育的特点，加之历史上长期乱垦滥伐，植被遭到破坏，水土流失十分严重，经流水长期强烈侵蚀，逐渐形成千沟万壑、地形支离破碎的特殊自然景观。

山西省自然资源厅、山西省统计局于2022年1月6日公布的《山西省第三次国土调查主要数据公报》显示，2019年山西省耕地386.95万hm²、园地64.09万hm²、林地609.57万hm²、草地310.51万hm²、湿地5.44万hm²、其他用地176.11万hm²（表1-3）。山西耕地呈现山区和丘陵区多、盆地和河谷的山间平地少，林地主要集中分布在太行山和吕梁山主脊两侧生态脆弱地区，草地主要分布在东西两侧的中高山、低山、丘陵及河流的两岸，园地主要分布在中部地区的几大盆地及其边缘。未利用土地为荒草地、盐碱地、沼泽地、沙地、裸土地、裸岩、田坎、地埂等。山西未利用地是耕地后备资源的主要来源，经改造治理可用于造林种草，发展林牧业或作为其他用地。

表1-3 山西省第三次国土调查面积情况

土地类型	二级类型	面积（万hm²）	比例（%）
耕地	合计	386.95	
	水田	0.50	0.13
	水浇地	104.78	27.08
	旱地	281.67	72.79
园地	合计	64.09	
	果园	55.38	86.40
	茶园	0.002	0.002
	其他园地	8.71	13.60
林地	合计	609.57	
	乔木林	303.24	49.75
	竹林	0.03	0.005
	灌木林	173.46	28.46
	其他林地	132.84	21.79
草地	合计	310.51	
	天然草地	0.67	0.21
	人工草地	0.48	0.15
	其他草地	309.36	99.63
湿地	合计	5.44	
	森林沼泽	0.005	0.09
	灌木沼泽	0.09	1.65
	沼泽草地	0.04	0.65
	内陆滩涂	5.24	96.22
	其他沼泽地	0.08	1.40

山西省土地资源中耕地和草地面积在一直减少；林地面积经历过2015年的稍减后，2018年的增长率又与2015年基本持平；水域和未利用地在2018年减少很多，同时城乡、工矿、居民用地的面积于2018年猛增（表1-4）。

表1-4 山西省土地面积增长率变化趋势（杨娜，2020）

时段	耕地	林地	草地	水域	城乡工矿居民用地	未利用地
2005—2010年	-0.78%	0.55	-0.10%	1.03%	5.84%	-1.34%
2010—2015年	-0.38%	-0.08%	-0.22%	0.38%	7.52%	0.68%
2015—2018年	-3.64%	0.81%	-3.55%	-6.11%	69.21%	-1 081%
变化趋势	一直减少	增—减—增	一直减少	增—增—减	一直增加	减—增—减

二、山西耕地资源

晋南盆地和晋西黄土丘陵区土地资源丰富，而水资源缺乏；晋东南山区水资源充沛，而耕地资源相对缺乏；晋西北土地广阔，而水和热量资源较差；广大山区、丘陵区，沟壑纵横，地形高差大，气温较低，水、土、热配合普遍不好。全省人均耕地资源高于全国平均，但是质量水平差。山西耕地资源差严重制约了农业的发展，同时也制约了农村经济的全面发展。土、水、热条件在时空上的不够协调，严重地影响了土地生产潜力的充分发挥。

山西耕地386.95万hm²，其中忻州、临汾、吕梁、朔州、运城等5个市耕地面积较大，占全省耕地的61%。一年一熟制地区的耕地273.00万hm²，占全省耕地的70.55%；一年两熟制地区的耕地113.95万hm²，占29.45%。水田0.50万hm²，占0.13%；水浇地104.78万hm²，占27.08%；旱地281.67万hm²，占72.79%。年降水量600 mm以上地区的耕地3.77万hm²，占全省耕地的0.97%；年降水量400~600 mm地区的耕地257.04万hm²，占66.43%；年降水量400 mm以下地区的耕地126.15万hm²，占32.60%。

山西大约有3/4的耕地分布在山区和丘陵区，1/4的耕地分布在盆地和河谷的山间平地。其中，2°及以下坡度的耕地179.73万hm²，占全省耕地的46.45%；2°~6°坡度的耕地41.60万hm²，占10.75%；6°~15°坡度的耕地83.70万hm²，占21.63%；15°~25°坡度的耕地37.72万hm²，占9.75%；25°以上坡度的耕地44.20万hm²，占11.42%。全省坡耕地112.44万hm²，占全省耕地的29.06%；梯田耕地94.78万hm²，占全省耕地的24.49%。

（一）中低产田资源

山西特殊的地理生态环境导致了山西耕地质量差。山西省全省的耕地土壤类型多，分异规律明显，其中耐旱宜耕高肥长效型占耕地的11.47%，难耕高肥缓效型占耕地的12.52%，宜耕中肥速效型57.03%，不耐旱宜耕作低肥效型占12.18%，低肥缓效型占4.4%，宜耕贫肥短效型占2.4%。

山西除中南部盆地外，土地的质量一般都很差。耕地普遍缺磷少氮。全省土壤有机质含量在1%以上的，仅占耕地总面积的1/4，其余大部分耕地，土壤有机质含量不足1%，黄土丘陵区大部分耕地有机质含量在0.5%以下。瘠薄坡耕地、干旱地等低产田占总耕地面积的2/3以上。土地的生产力水平很低，在全国属于中等偏下水平。山西省土壤有机质含量平均为1.07%，小于1%的占耕地面积的1/2，土壤含氮小于0.075%的占耕地的73.5%，土壤普遍缺磷，近年缺钾的程度也加重。山西耕地质量提高的难度较大是提高综合生产能力的最大障碍因素之一，提高地力成为当前紧迫的任务。

全省粮食产量在4 500 kg/hm²以下的中低产田占总耕地面积的2/3以上，其中2 250 kg/hm²以下的低产田占耕地面积的40%，2 250～4 500 kg/hm²的中产田占耕地面积的26.7%，由于中低产田占的比例大，直接导致全省的粮食单产水平低，充分利用中低产田为饲草产业发展提供了空间。

山西省是一个山区、丘陵区、平原区分明的省份，其中15°坡度以上的耕地91.92万hm²，占全省耕地21.17%，山区耕地存在土壤贫瘠、田块窄小、坡度大等限制的生产力因素，而且由于道路不通、位置偏远、运输困难等高生产成本的问题，导致山区耕地普遍存在产量低、投入高、效益低的问题，这是山西省的太行山、吕梁山地区农业生产的主要特点。山区耕地受这些因素限制，导致其退出农业生产形成许多弃耕地，但正是这些弃耕地为饲草种植和发展放牧型草地畜牧业提供了一定发展空间。

（二）农闲田资源

农闲田是作物收获到下一茬作物播前闲置的农田和耕地，包括冬闲田、夏秋闲田。其形成原因：一是水、热资源分配使得上一季作物有空余，两季作物难以形成籽实；二是农业比较效益低下，农民种粮积极性不高；三是农村缺乏劳动力，农业生产者素质逐年下降；四是传统的耕作方式落后；五是水利设施不完善。山西一年一熟制地区的耕地273.00万hm²，占全省耕地的70.55%；一年两熟制地区的耕地113.95万hm²，占29.45%。据全国畜牧总站统计，2013年度山西农闲田可利用面积5.95万hm²，其中冬闲田面积2.61万hm²、占农闲田面积43.87%，夏秋闲田面积为3.35万hm²、占农闲田面积56.13%；农闲田用于种植饲草面积仅占农闲田总面积的2.5%。据山西省畜牧技术推广服务中心不完全统计，2020年全年全省农作物种植面积354.15万hm²，仅晋中盆地及周边地区玉米收获后冬闲田达22万hm²，晋南地区（运城市、临汾市）夏闲田面积4.77万hm²，这些农闲田用于发展饲草产业的空间很大。

（三）盐碱地资源

盐碱地是一类重要的土地资源，山西省共有盐碱地30.11万hm²，占土地总面积的9.7%，其中可耕地17.05万hm²，占全省盐碱地总面积的56.6%，占全省总耕地面积的13.6%。山西省盐碱地主要分布在桑干河、南洋河、滹沱河、汾河、涑水河河谷平原的低洼处，主要分布在大同、朔州、忻州、吕梁、太原、晋中、临汾、运城8地市51个县（市、区），其中以大同、忻定、晋中、运城四大盆地集中连片，面积最大，达到18.15万hm²，占全省盐碱地总面积的3/5，而且集中连片，苏打盐化碱土面积分布广，治理难度大。

全省盐碱地按危害程度划分，轻度危害占53.6%，中度危害占23.3%，重度危害占14.1%，极重度危害占9.0%。按危害性质划分，盐害面积17.66万hm²，占56.4%；碱害面积1.53万hm²，占5.3%；盐碱双重危害面积1.94万亩（15亩=1 hm²，全书同），占38.3%。而四大盆地盐碱地按危害程度划分，轻度危害的占54.6%，中度危害的占23%，重度危害的占13.8%，极重度危害的占8.7%。按危害性质划分，盐害面积237.75万亩，占58.6%；碱害面积22.65万亩，占5.1%；盐碱双重危害面积161.4万亩，占36.3%。采用工程措施与农业措施相结合，生物措施与化学措施相结合，耕作改制与土壤培肥相结合，进行综合治理盐碱地，充分利用耐盐碱饲草的特性生产饲草，为缓减土地资源短缺的矛盾、解决饲草资源缺乏提供空间。

第三节　水资源

山西省区域内有山地、丘陵、高原、盆地等多种地貌类型，主要河流是黄河和海河，地形地势决定其河流向四周发射，河流补给以降水补给为主，呈现东南部多于西北部，山区多于盆地的空间分布规律。虽然过境水较多，但是提水扬程高，水资源开发难度大，造成地下水严重超采。山西是一个水分贫瘠的省份，水资源严重不足，十年九旱。全省2011—2020年平均水资源总量为116.11亿m³（图1-7），为全国水资源总量的0.3%左右，并且水资源总量在逐年降低，人均371 m³，不到全国平均水平的1/4，每公顷平均为3 180 m³，不到全国平均的1/10。山西不仅水资源总量不足，而且时空分布不匀，降水、地表水、地下水转化强烈，控制困难，地高水低，开发利用难度大、成本高。

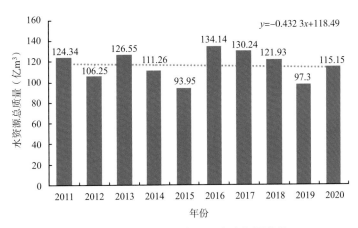

图1-7　2011—2020年山西省水资源总量

一、降水资源

山西水资源的主要补给来自大气降水。大气降水的丰枯是衡量山西水资源贫富的重要尺度，降水数量及其时空分布是山西省农业生产的决定因素。2011—2020年山西降水量出现明显的减少趋势，每年按11.29亿m³的降水量在减少，2020年比2011年减少了13.93%（图1-8）。

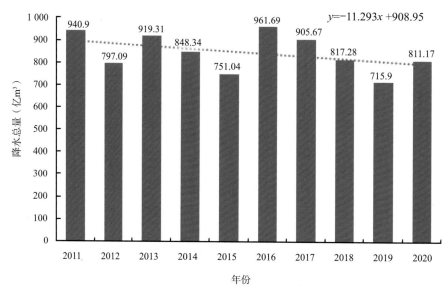

图1-8 2011—2020年山西省降水总量

山西降水量时间分布不均衡，季节性变化比较突出，7—9月降水量高度集中，占全年降水量的60%以上，春秋两季降水各占15%～20%，冬季降水量仅3%左右。山西春旱几乎年年发生，影响农业生产。山西的旱灾从时间上可分为春旱、夏旱、秋旱、春夏连旱和春夏秋连旱等。春旱发生频率最高，达75%～95%。夏旱发生频率40%～65%，由于是植物生长的需水高峰期，影响最大。秋旱发生频率较低，约30%，影响较轻。春夏连旱发生频率40%～60%。从地区分布来看，全省大体可划分为轻旱区、干旱区和重旱区。轻旱区，也是小麦的主要产区，农作物可一年两熟，但由于干旱缺水，小麦收割后难以进行复种，极大地限制了光热资源和土地资源的充分利用。

目前全省农业用水利用率低，平均的灌溉水利用系数为0.46左右，和节水规模要求的0.68相比，还有很大差距。在农田的水分生产率上，目前全省单位水量的作物产量为0.75～0.95 kg/m³，只相当于世界先进水平的1/2左右。全省降水利用率仅35%左右，每毫米降水生产粮食仅3.0～7.5 kg/hm²，和发达国家相比，还有20%～25%的降水利用空间没有充分发挥。据测算，全省降水利用率在一熟制地区平均只有57%，在两熟制地区平均为68%，在二年三熟地区平均为66%，全省平均利用率为62%，即每年有200 mm降水都以无效蒸发和径流的形式白白浪费掉了。降水利用率低也在一定程度上反映了山西农业基础设施存在的不足，不能有效储蓄和利用降水及其他水资源，不能有效调控水资源配置。因此，继续改进耕作技术，大力推广有机旱作，充分利用天然降水，是发展农业生产最为经济实用的有效措施。

二、地表水资源

地表水包括河流、湖泊、沼泽、冰川、冰盖等水资源。山西地表水资源主要来自河流，地表水十分贫乏，而且分布不均。全省2011—2020年地表水资源总量53.83亿～88.88亿m³，年均73.2亿m³（图1-9）。山西的河流除北部有汇水面积不大的少数

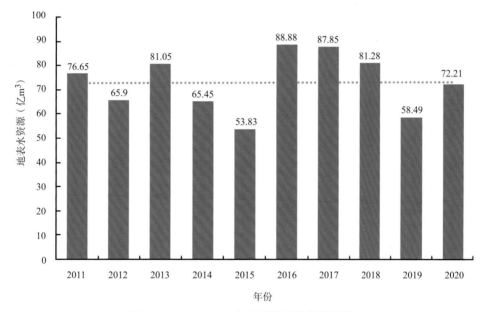

图1-9　2011—2020年山西省地表水资源量

支流自内蒙古流入山西外，其他河流均发源于山西境内，且大都发源于东西山地。全省集水面积大于100 km²的河流共有240余条，流域面积大于1 000 km²的河流有44条，流域面积大于4 000 km²、长度在150 km以上的河流有汾河、沁河、涑水河、三川河、昕水河、桑干河、滹沱河、清漳河、浊漳河等9条，境内河流全属外流水系，分属于黄河、海河两大水系，大体上向西、向南流的属黄河水系，向东流的属海河水系。其中黄河流域面积为9.71万km²，占全省土地总面积的62.2%，海河流域面积为5.91万km²，占全省土地总面积的37.8%。2011—2020年黄河流域和海河流域的水资源总量分别为72.2亿m³/a和43.9亿m³/a，分别占全省水资源总量的62.15%和37.85%（图1-10）。黄河流域和海河流域的多年平均径流量分别为64.1亿m³和44.6亿m³，分别占全省河川径流总量的58.4%和41.6%。

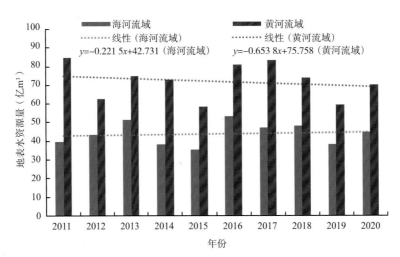

图1-10　2011—2020年山西省流域分区水资源量

全省河川径流的分布趋势，基本上和降水量相似，若干重要的等径流深线，各有对应的等雨量线。由于全省植被覆盖率很低，80%以上面积为山地丘陵，水文下垫面的持水条件很差，河川径流年内分布受降水影响很大，季节差异明显。汛期6—9月，径流量占全年径流总量的60%左右。枯水期12月—翌年2月，或3—5月，只占年径流量的10%左右。径流的地区分布比降水更为复杂，明显受地形和水文下垫面影响。一般次岩区的径流深小于砂页岩区，砂页岩区又小于变质岩区，而在有构造的地区和河段则因漏失导致出现负值区。

三、地下水资源

山西地下水呈半干旱气候条件下的山地型水文地质特征，按地下水含水介质及赋存条件和含水岩类特征划分，主要分为四大类：松散岩类孔隙水，碳酸盐岩类岩溶裂隙水，碎屑岩、变质岩类裂隙水和黄土地下水。松散岩类孔隙水主要分布在山西中部各大断陷盆地、山间盆地和各类沉积的小盆地，总面积约43 000 km²，地下水均由降水渗入与边山地下水补给。山西碳酸盐岩石分布甚广，深积厚度千余米，裂隙岩溶化程度由晋西北向晋东南由弱变强，碳酸盐岩类岩溶裂隙水主要分布于晋西北、吕梁山中南段、太行山东侧及南段，总面积约35 000 km²，全省岩溶泉水分布十分广泛。碎屑岩、变质岩类裂隙水主要分布于沁水、大同、静乐盆地和吕梁山、中条山、五台山等地的沙石岩煤系地层和古老变质岩系地层，总面积约78 000 km²，这类地下水埋藏较浅，泉水分布普遍，但流量小。黄土地下水主要赋存于黄土孔隙、裂隙之中，呈普遍、零散状分布，埋藏较深，给水程度弱，水量不大，多不具集中开采的价值，仅可供一定量的农村人畜饮水之用。

2011—2020年山西省地下水资源总量为9.41×10^9 m³，地下水开采量3.29×10^9 m³，占总供水量的35.0%（图1-11）。山西太行山、吕梁山石灰岩山区为极贫水区，地下水埋深普遍在250 m以下，且水量微弱，一般小于3 t/h，人畜饮水主要靠提取沟谷中地表水解决，该区面积约3.77万km²，约占全省总面积的24.1%。沙页岩、变质岩、火成岩山区为贫水区，短小的沟谷纵横发育，雨季小泉小水普遍出流，旱季地下水位也较浅，可满足人畜用水，但由于裂隙水富水微弱，单井出水量3~5 t/h，不宜做灌溉水源，该区面积约为8.93万km²，占全省总面积的57.1%。洪积倾斜平原、冲积平原、山区河谷地带为较富水区，地下水出水量15 t/h~60 t/h，约为当地农业用水量的50%左右，该区面积约为1.72万km²，占全省总面积的11%。盆地边缘洪积扇、冲积扇、古河道地带及山区冲积物发育的大型河谷为保浇区，地下水出水量60~150 t/h，基本能够满足当地农作物需要，该区面积为1.07万km²，占全省总面积的6.8%。大型洪积扇、冲积扇、山区河谷以及补给条件良好的基岩破碎带和盆地基岩隆起地区为水源地，该区面积为0.14万km²，占全省总面积的1%。

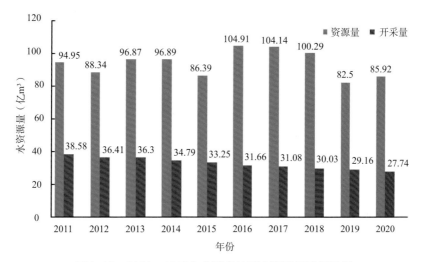

图1-11　2011—2020年山西省地下水资源量及开采量

此外，山西省是我国重要的煤炭能源基地，煤炭的大量开采加剧了水资源危机，水资源呈匮乏状态（表1-5）。山西省地处黄土高原，比较严重的水土流失，易引起面源污染，造成生态环境恶化，加剧水资源脆弱性，所以更应该注重植被的恢复，增加植被覆盖率，增强生态系统自我调节能力，达到涵养水源的效果。

表1-5　2012—2018年山西省水资源脆弱性评价结果（原彩萍和职璐爽，2021）

名称	2012年	2013年	2014年	2015年	2016年	2017年	2018年
太原市	IV	IV	IV	IV	IV	IV	IV
大同市	IV	IV	IV	IV	IV	IV	IV
阳泉市	IV	IV	IV	IV	IV	IV	IV
长治市	IV	V	V	V	V	V	IV
晋城市	IV	IV	IV	IV	V	V	IV

（续表）

名称	2012年	2013年	2014年	2015年	2016年	2017年	2018年
朔州市	IV	IV	IV	IV	IV	IV	IV
忻州市	V	V	V	IV	V	IV	V
吕梁市	IV	IV	IV	IV	V	V	V
晋中市	IV	IV	IV	V	V	V	V
临汾市	IV	IV	IV	IV	V	IV	IV
运城市	IV	IV	V	IV	IV	IV	IV

注：IV——比较脆弱，V——严重脆弱。

第四节　农业区划

根据山西地形、气候、自然条件、资源优势、社会经济条件、生产技术水平的实际情况，按照农业生产大系统所具有的整体性、适宜性和有序性的基本特点，将全省划分为东山地区、中部盆地区、西山地区3个一级综合农业区，并在3个一级综合农业区的基础上，按照农业自然条件和资源不同的组合特点，进一步将全省划分为10个二级综合农业区。

一、东山地区

东山地区位于省境东部，北起广灵，南至垣曲，包括恒山、五台山、太行山、太岳山、中条山及山前丘陵和上党、泽州等山间盆地，东山地区耕地比较狭窄破碎，丘陵面积和光秃裸露的土石山区面积较大，是全省平均降水量最多的地区。本区包括4个二级综合农业区，分别是：

1. 五台山、恒山水源林牛羊马铃薯黄芪区

五台山、恒山区南至滹沱河畔，北接晋北盆地，东至晋冀省界，西与忻定盆地接壤。包括广灵、灵丘全县及应县、浑源、繁峙、代县、五台县的山区，滹沱河、浑河、壶流河、唐河发源于本区山地，山上有成片落叶松、云杉天然林和大片天然草地，是山西省的重要水源涵养林区和有名的天然牧场。种植业为一年一熟，主要作物为谷子、马铃薯、玉米、豆类，属杂粮产区，生产水平较低。五台山、恒山区地势高低悬殊，气候垂直变化明显，光能资源丰富。低山河谷盆地积温较多，属于温凉作物气候带，能满足一年一熟热量要求，夏温较高，可种植早中熟玉米和谷子。降水主要集中在7—8月，春季干旱缺雨。中

高山热量资源不足，积温少，属于高寒植物气候带。在海拔高的局部山川河谷地带可种植耐寒或喜凉作物。大部分山区都具备林草等植物的生长条件，辽阔的牧坡资源有待开发利用。该区虽有长期种植紫花苜蓿（*Medicago sativa*）的习惯，但应注意品种的选择。沙打旺（*Astragalus adsurgense*）、小冠花（*Coronilla varia*）、无芒雀麦（*Bromus inermis*）、冰草（*Agropyron cristatum*）和披碱草（*Elymus dahuricus*）等均可种植。在代县、繁峙、灵丘的河谷地带可种植红豆草进行草田轮作。

2. 太行山水源林杂粮羊牛区

太行山区北起滹沱河畔，南至晋豫省界，东与河北为邻，西与晋中盆地和太岳山区接壤。包括阳泉市盂县、平定、昔阳、左权、和顺、榆社、武乡、黎城、平顺、壶关、陵川县的全部和定襄、阳曲、太原市小店区、晋中市榆次区、太谷、祁县、寿阳、沁县、襄垣、潞城、长治、长子、高平、泽州的丘陵山区，沿太行山的一个狭长地带，境内山岭纵横，高低悬殊，既有温暖的河谷，也有温寒的山地。海拔1 000～2 000 m。漳河的西源和北源都发源于太行山，流经本区进入河北。太行山区属于温凉作物带，为不稳定的两年三熟种植区。太行山是山西省的重要水源涵养林区，又是全省的杂粮、羊、牛重点产区。耕地主要分布在山间盆地和黄土丘陵河川地上，地块狭小，分布零散，山上多梯田。本区牧坡广阔，牧草覆盖度及质量中等，适于饲养放牧牛羊。

3. 晋东南盆地冬麦城郊农业区

晋东南区南至晋城盆地，北界为襄垣县的黄土丘陵，西至太岳山麓，东到壶关、平顺县界。包括长治市全部和晋城市的平川地区，被太行山、太岳山、中条山三大山脉环抱，属于温和作物带。降水量比较多，水资源比较丰富，夏温不太高，冬温不很低。大部分地区为不稳定两年三熟，南部地区为稳定的两年三熟耕作区。大部地区土壤以褐土为主，可耕性好，持水能力较强，土壤肥力较高。

4. 太岳、中条山水源林牛羊桑蚕区

太岳、中条山区南至晋豫省界，北至晋中盆地南沿，西接晋南盆地，东接晋东南盆地。包括古县、安泽、垣曲、沁水、沁源、阳城的全部和祁县、介休、平遥、灵石、霍州、浮山、翼城、夏县、闻喜、平陆、泽州、高平、长子、屯留、襄垣、沁县的山区，属于温寒作物带。全区地形崎岖，地势高耸，为山冈连绵的土石山区，气候、土壤、植被等条件，都优于山西其他山区。北部太岳山属于温寒气候区，南部中条山属于温和气候区，区内牧坡广阔，水草丰盛，是山西省优质草原区之一，具有良好的牧业前途。阳城、沁水、垣曲是肉牛基地县。种植业主要分布在中山以下的河谷丘陵地带。

二、中部盆地区

中部盆地区纵贯山西省中部，包括运城、临汾、太原、忻定、大同5个断陷盆地，地势平坦，地下水资源比较丰富，是山西重要的粮食生产基地。但由于农业环境污染，采煤造成部分地区的地下水破坏和耕地塌陷及城市和公路等基础设施建设占用耕地较多。中部盆地区包括3个二级综合农业区，分别是：

1. 晋北盆地杂粮农业区

晋北区南界雁门关，北界外长城与内蒙古接壤，西至晋西北风沙丘陵边沿，东至恒山脚下。包括天镇、阳高、大同县、大同市南郊区和新荣区、怀仁、山阴、朔州市朔城区、应县、浑源县的盆地部分。光热资源丰富，昼夜温差大，积温有效性高，降水量偏少，气候干燥，而且土质差，肥力低，气象灾害频繁，耕作制度一年一熟。晋北区是山西杂粮主要产区，区内发展奶牛是一大优势，由于土地资源比较丰富，种草养畜发展潜力大。本区栽培牧草宜发展粮草轮作种植苜蓿、沙打旺、新麦草（*Psathyrostachys juncea*）、披碱草、老芒草（*Elymus sibiricus*）等。结合该区的奶牛生产，苜蓿最好选择秋眠级为3~4级的品种，对该区的一些盐渍土壤可种植耐盐苜蓿新品种或选择栽培耐盐禾本科牧草。在该区为解决奶牛的青贮饲料，提高青贮饲料品质，可种植饲用玉米，亦可种植杂交高粱、高丹草等，后两种饲料作物耐盐性也较好。

2. 晋中盆地冬麦杂粮农业区

晋中区南起灵石口，北至内长城，西到吕梁山麓，东至东山丘陵。包括太原、忻定两个盆地的灵石、介休、平遥、祁县、太谷、榆次、寿阳、孝义、汾阳、文水、交城、清徐、太原市小店区和尖草坪区、阳曲、五台、定襄、忻州市忻府区、原平、代县、繁峙。太原盆地属于稳定的二年三熟区，忻定盆地属于不稳定的二年三熟区。本区湿盐碱地面积较大，适宜种植高粱，是全省高粱的集中产区。

3. 晋南盆地棉麦牛猪区

晋南区南界黄河滩，北至灵石口，西以黄河与吕梁山系为邻，东至太岳、中条山麓。包括运城市盐湖区、永济、芮城、临猗、万荣、新绛、稷山、河津、绛县、曲沃、侯马、襄汾、临汾市尧都区及平陆、闻喜、夏县、翼城、洪洞、霍州、汾西、浮山等县市的盆地部分，晋南盆地是全省热量资源最高、一年两熟的耕作区，也是山西小麦、棉花、黄牛最重要的产地。晋南大黄牛为中国五大名牛之一，饲养头数占全省总数的30%左右。这一区域是山西比较典型的农牧结合区。

三、西山地区

西山地区位于山西省西部，北起右玉、南至乡宁的吕梁山及其两侧广大黄土丘陵地区。境内由北向南依次分布有七峰山、洪涛山、黑驼山、管涔山、芦芽山、云中山、关帝山、真武山、紫荆山、龙门山等山脉主峰。晋北区全部是黄土丘陵地区，黄土层深厚，地形破碎，千沟万壑，是全省水土流失最严重的地区。西北部的左云、右玉一带为波状丘陵；河曲、保德、偏关一带为峁状丘陵；兴县以南至中阳一带多为梁状或峁状丘陵。南部的石楼、隰县、永和、蒲县、大宁、乡宁一带保存有破碎的黄土塬地。由于历史上过度垦殖，缺乏植被覆盖，水土流失严重致土壤贫瘠、生态条件恶化、生产水平低下，各地退耕还林还草采用生物措施和工程措施相结合，有计划地将25°以上陡坡地退耕种草、种树，发展林果牧业和多种经营生产，保护利用天然草场，改善生态环境条件，发展牧业、干果生产加工等。西山地区包括3个二级综合农业区，分别是：

1. 晋西北防风固沙林草羊牛区

晋西北区南起吕梁山麓，北与内蒙古接壤，西至晋西黄土丘陵区界，东至晋北盆地。包括右玉、左云、平鲁的全部及大同市南郊区和新荣区、怀仁、山阴、朔州市朔城区、神池、五寨、岢岚、偏关、河曲、保德、岚县、兴县部分风沙丘陵区。晋西北区光热资源丰富，太阳辐射能和日照时数为全省之冠。但地势高，气温低，热量条件差，属于温寒作物带，一年只能种一熟耐寒或喜凉作物，由于风沙大、霜冻重、土壤沙化、肥力低下，对作物生长不利，人均耕地多，长期广种薄收，粮食产量较低。本区荒地面积大，自然植被稀少，地面覆盖率低。按照农业生产发展规划，本区已开始全面推行林草上山、粮田下川，实行草田轮作、发展畜牧、防风固沙、综合治理。本区的牧草栽培应以防风固沙、保持水土、恢复生态植被为主，在沙地和贫瘠的土地上广种柠条（*Caragana korshinskii*）、羊柴（*Hedysarum leave*）、沙打旺、冰草等；退耕还草的耕地及草田轮作地种植苜蓿、白花草木樨（*Melilotus albus*）、披碱草、沙打旺等；河曲、保德、偏关、五寨等县可种植红豆草（*Onobrychisviciae folia*），进行草田轮作。一年生饲料作物可种植饲用玉米、饲用燕麦、箭筈豌豆（*Vicia sativa*）等。

2. 吕梁山水源林牛羊区

吕梁区北起内长城，南至交口县，东界晋中盆地，西界晋西黄土丘陵。包括宁武、静乐、岚县、娄烦、古交市的全部和神池、五寨、岢岚、原平、忻州市忻府区、兴县、方山、临县、离石、中阳、交口、阳曲、太原市尖草坪区、交城、文水、汾阳、孝义市的部分山区。吕梁区属于温凉作物带。吕梁山北段地区地势高峻，气候寒冷，属于高寒植物区，海拔1 000～2 800 m，有管涔、关帝林区及荷叶坪、赫赫岩和中阳等天然草场，局部植被较好；尚有较大面积的荒山荒坡。除岚县、静乐山间盆地及部分山川河谷、边山丘陵地带具有农耕条件外，大部分山区不具备种植作物的条件，为良好的宜林、宜牧山区。吕梁区农业耕地多分布在山间盆地和丘陵河谷地带，作物种植为一年一熟。区内畜牧业以羊、牛、驴、猪为主，关帝、管涔山区有丰富的动植物资源，有生长良好的云杉、落叶松和国家一、二类保护动物，并分别建立了芦芽山、庞泉沟自然保护区。荷叶坪、赫赫岩等天然草场，历来是附近乡村的夏秋牧场。本区草地建设多年生牧草基地，可种植苜蓿、红豆草、小冠花、无芒雀麦、冰草、沙打旺、老芒麦等。苜蓿可选择秋眠级为3～4级的品种栽培种植，一年生牧草饲料作物可种植饲料玉米、杂交高粱、高丹草、箭筈豌豆、秣食豆等。

3.晋西黄土丘陵水保林草羊牛果树区

晋西区北起偏关县天峰坪，南与河津、稷山县接壤，东至吕梁山麓，西界黄河。包括乡宁、吉县、大宁、永和、隰县、蒲县、石楼、柳林的全部和临汾市尧都区、洪洞、汾西、灵石、交口、孝义、中阳、离石、临县、方山、兴县、保德、河曲、偏关的黄土丘陵区。晋西高原黄土丘陵沟壑区，坡陡沟多，植被破坏严重，缺林少草，童山秃岭，一遇暴雨，急流冲刷，水土流失十分严重，土壤侵蚀模数一般每年在1×10^4 t/km^{2}以上，农业生产条件极为恶劣。本区光热资源较丰富，属于温和作物带，为不稳定的两年三熟制种植区。

第五节　天然草地资源

山西统计有高等植物（除苔藓外）160多科，其中草本植物约占2/3，木本植物约占1/3。山西的野生牧草资源丰富，种类繁多，主要分布在山区，以亚高山草地、疏林草地最为丰富，也有结构比较简单的山地干草原和白羊草灌草丛草地。20世纪80年代，全国组织的草地普查，基本查清了山西省草地的面积、分布、类型、植被成分、牧草种类、质量、产量及使用价值等，全省天然草地可分为6个类，32个组，110个型，共455.2万hm^2，占全省国土总面积的29.05%，草类有101个科，897种，可供饲用的植物有500余种。全省草地资源大部分属于中等以上质量，仅有1/3的草地质量较差。山西有暖性草丛类草地195.85万hm^2，占全省天然草地面积的43.0%，主要分布在省内中南部林线以下海拔700~1 000 m的丘陵山地，植物为中生或中旱生喜暖型，常以白羊草、黄背草、野古草、苔草等为优势种，草本中散生沙棘、酸枣、荆条、三裂绣线菊、达乌里胡枝子等灌木和小灌木形成植物群落，是当地草食家畜放牧的重要草场。暖性灌草丛类草地79.5万hm^2，占全省天然草地总面积的17.5%，多分布于林线以下的山地，灌木以虎榛子、灌木化栎、侧柏、沙棘、胡枝子等较常见，草本植物有苔草、大油芒、蒿类植物等。此类草地是山羊的优良牧地。温性草原类草地43.8万hm^2，占全省天然草地总面积的9.62%。主要分布于雁北、晋西北黄土梁峁状丘陵区的阳坡上，忻州、太原、吕梁的部分山地阳坡也有少量分布。这类草地以针茅、冰草、隐子草、蒿类、百里香等耐旱耐寒多年生牧草和兴安胡枝子等半灌木组成。山地草甸类草地48.2万hm^2，占全省天然草地总面积的10.66%。主要分布在林线以上和中山阴坡谷地，以中生耐寒的多年生草本植物为主，草群盖度大、植物种类多、产草量高，是优良的夏季牧场和生态旅游区。低地草甸类草地3.33万hm^2，占全省天然草地总面积的0.9%，主要分布于河漫滩或平坦下湿地和盐碱地，面积小而分散，不稳定，以喜湿耐碱的莎草、芦苇、蒲草、碱蓬、拂子茅、狼尾草等组成，是农区轮耕畜及零散牛羊的放牧和割草场地。

山西的天然草地主要分布在山区，由于地形复杂，气候多样，除林线以上的亚高山草地外，大多都与农田、林地镶嵌交叉分布。山西天然草地类型呈现明显的立体性垂直分布，并且在产草量、利用时期、草群盖度与密度、植物组成、牧草质量等方面，也都随着海拔高度的变化而呈现立体性的变化。山西境内大部分草地与农田、撂荒地、林地、大坡度石质山彼此犬牙交错，形成天然草地的破碎、分散和镶嵌性，给经营管理和合理利用造成一定困难。草地生产除生产力随草地类型的差别外，更突出的是季节不平衡性，冬春季枯草期长，夏秋季青草期短，这些特点为山西草地生产管理、开发利用、改良保护提供了依据。

第二章

山西饲草产业发展现状

随着国家"大食物观"理念逐步树立和草牧业政策实施，近十年来我国饲草产业已经进入一个蓬勃发展的阶段，同时草牧业发展是实施乡村振兴战略的现实需要、推进农业供给侧结构性改革的内在要求、巩固脱贫攻坚成果的重要抓手、推进畜牧业高质量发展的客观要求，同时也是黄河流域高质量发展的重要内容。

第一节　我国饲草产业发展现状

饲草产业作为我国农业结构调整的转型升级产业，探索出一条全新的草牧业发展模式，为破解我国草牧业可持续发展中的诸多瓶颈问题奠定基础。而苜蓿、青贮玉米和燕麦草等优质饲草作为草业生产主要种类，为优质奶和优质肉生产及养殖效益提高发挥着重要作用。

一、我国饲草生产现状

据全国畜牧总站统计，2020年全国利用耕地（含草田轮作、农闲田）种植优质饲草近533.3万hm²，产量约7 160万t。其中，全株青贮玉米253.3万hm²，产量4 000万t；饲用燕麦和多花黑麦草66.7万hm²，产量820万t；其他一年生饲草100万hm²，产量约1 200万t；优质高产苜蓿43.3万hm²，产量340万t；其他多年生饲草66.7万hm²，产量约800万t。全株青贮玉米、优质苜蓿单产分别达到15.75 t/hm²、7.71 t/hm²。在农业供给侧结构性改革、市场需求导向和生产机械化影响下，目前优质饲草生产中苜蓿、青贮玉米和燕麦草占绝对优势地位，同时在草食动物饲养中也发挥着决定性作用。

1. 苜蓿草生产

紫花苜蓿主要在我国北方种植，并且已形成一批关键的商品草产业集群区。甘肃领衔商品苜蓿草生产，内蒙古位列第二，宁夏、黑龙江、陕西、新疆、河北、山东、山西、安徽、河南和吉林等10余省区也有大面积种植，高产优质商品苜蓿生产优势区域初具规模，且极具潜力，科尔沁沙地、河西走廊、鄂尔多斯高原、银川平原、榆林沙地、天山南北麓等区域是我国苜蓿干草主要生产区；安徽蚌埠黄河古道区、黄河滩区、黄河三角洲区是我国主要苜蓿青贮商品区；甘肃定西黄土高原丘陵沟壑区、陇东黄土高原塬梁区、宁夏六盘山区形成我国农牧交错区草畜一体化发展的典型产区。国家从2012年开始实施"振兴奶业苜蓿发展行动"，每年政策性支持苜蓿草种植面积约3.33万hm²，2020年由原来每年支持3.33万hm²发展提高到每年支持6.67万hm²，截至2021年，已经推进了63.33万hm²的苜蓿种植，年生产苜蓿草超过400万t（图2-1），对生产优质苜蓿草起到了积极推动作用，对提升生产能力、生产水平和企业质量也是一个重要的历史机遇。虽然整体产能得到提高，但与需求相比苜蓿仍然还有很大缺口。按照2018年国务院办公厅关于推进奶业振兴保障乳品质量安全的意见中提出的目标任务，即2025年奶类产量要达到4 500万t，奶牛存栏应保持在600万头左右，其中泌乳牛应在360万头，按照奶牛饲喂需求，再加上肉牛、羊、兔等饲喂的需求量，初步估计全国优质苜蓿总需求量超过600万t，所以未来几年我国对优质苜蓿增量需求每年大约有100万t的缺口。

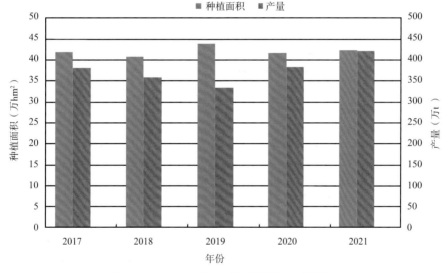

图2-1　2017—2021年我国苜蓿生产及产量

为了适应奶牛对优质等级的饲草商品草的要求，将苜蓿干草标准分为五级，特优级、优级和一级苜蓿可列为中高端产品，二级、三级苜蓿被视为中低端苜蓿。2018年我国国内生产的苜蓿优级、一级、二级分别占5%、40%、44%，到2020年在400万t苜蓿商品草中，国产苜蓿草捆优级、一级产品分别增加到15%和50%，二级苜蓿商品草减少到22%。随着国产苜蓿产量和质量的提升，国产苜蓿对进口苜蓿的替代作用逐渐显现，结合国内养殖的增量，国内苜蓿产业发展有较大的发展空间和潜力。另外，苜蓿青贮技术逐步成熟，青贮产品逐步得到奶牛场的认可，也可解决一部分优质苜蓿的需求。

2. 青贮玉米生产

青贮玉米作为草食家畜的主要饲草，占到反刍动物饲粮的40%~70%，因此青贮玉米饲草种植和贮存某种程度反映养殖场的生产效益，同时也反映一个地区草食畜的发展水平，因此2015年将"加快发展草牧业，支持青贮玉米和苜蓿等饲草料种植，开展粮改饲和种养结合模式试点，促进粮食、经济作物、饲草料三元种植结构协调发展"写入中央一号文件作为深入推进农业结构调整的重要举措实施，农业部2015年开始实施的"粮改饲"试点，将我国部分玉米中低产区域的玉米籽粒生产转变为全株青贮玉米生产，或转为其他优良牧草的种植生产，例如苜蓿、燕麦、甜高粱、黑麦草等，为因地制宜地推进饲草生产起到了积极推动作用。截至2019年底，我国用于青贮玉米商品草生产面积已达20.57万hm²，商品草总产量393.4万t（图2-2）。其中内蒙古种植面积最大，占全国种植面积的24.5%，生产全国22.9%的青贮玉米商品草；其次是甘肃，占全国种植面积的24.0%，产量占全国产量的25.0%；河北位列第三，占全国种植面积的7.6%，生产全国6.0%的青贮玉米商品草。2015年启动"粮改饲"试点之后，青贮玉米生产试点面积从6.67万hm²增加到2016年的40.87万hm²、2017年66.67万hm²、2019年的100万hm²、2020年的100万hm²。此外，还通过"粮改饲"生产了各类牧草150万t。

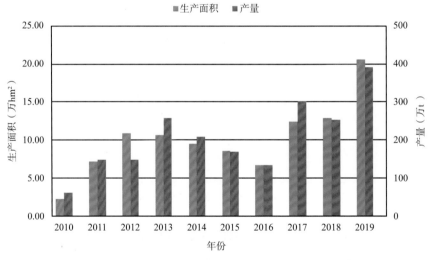

图2-2　2010—2019年我国青贮玉米商品草生产面积及产量

3. 燕麦草生产

燕麦作为一种优良的饲用麦类作物，在枯草季节牧草短缺时作为最重要的饲草来源，特别是生长期短，适宜在寒冷的东北、西北、华北地区种植，在云南、贵州、四川也有种植。燕麦作干草适口性好，消化率高，可溶性碳水化合物高，同时还富含多种矿物质和维生素，具有刺激瘤胃功能、有效增加进食量、帮助蛋白质和营养元素吸收的作用，使奶牛对柔软质地的干草更加偏爱，是奶牛粗饲料的最佳选择之一。

燕麦饲草作为饲草料的重要组成，随着"草牧业""粮改饲""草田轮作"等政策的实施，极大地调动了燕麦饲草种植的积极性，我国燕麦草生产区域和种植面积迅速增加，国内燕麦草发展迅速，应用越来越广泛，燕麦草生产专业化、商品化程度也逐步提升。截至2019年底，我国燕麦商品草生产面积已达8.36万hm²，商品草总产量74.4万t（图2-3）。其中青海省种植面积最大，占全国种植面积的49.6%，生产全国51.0%的燕麦商品草；其次是内蒙古，占全国种植面积的25.3%，产量占全国产量的29.6%；甘肃省位列第三，占全国种植面积的21.9%，生产全国17.6%的燕麦商品草。2020年全国燕麦草的种植面积约66.67万hm²，生产燕麦干草120万t（其中A型燕麦干草90万t，B型燕麦干草30万t），生产燕麦青贮40万。和2019年相比，我国燕麦干草总产量增加了71.4%，其中B型燕麦草生产量基本和澳大利亚燕麦草进口量持平，A型燕麦干草生产量猛增，已是澳大利亚进口燕麦草的3倍，大大地提升了我国燕麦草生产能力，基本改变了五年前我国燕麦草完全依赖澳大利亚进口的局面。A型燕麦草为高蛋白型，主要来自我国内蒙古、坝上、晋西北、陕北、东北等地，B型燕麦草为高糖分型，主要来源于我国甘肃山丹、青海黄南等以及澳大利亚进口的燕麦干草。

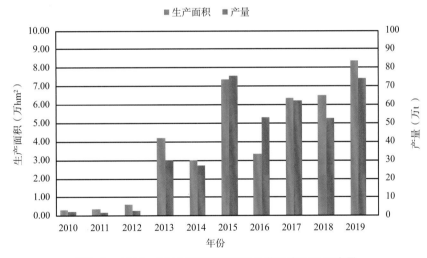

图2-3　2010—2019年我国燕麦商品草生产面积及产量

二、国际草产品贸易

（一）国际草产品贸易动态

从2008年开始我国由草产品出口国转变为草产品进口国后，草产品进口数量大幅上升，且价格也持续上涨，在我国原料奶价格和饲料原料价格持续上涨的背景下，规模牧场苜蓿草产品需求上升，进口苜蓿草需求日益强劲。一直到2021年，我国草产品进口总量为204.52万t，同比增加19%。其中：苜蓿干草进口178.03万t，同比增加31%；燕麦草进口

21.27万t，同比减少36%；苜蓿粗粉及颗粒进口5.23万t，同比增加84%。

1. 苜蓿草产品进口量价齐升

苜蓿干草进口量从2015年的121.34万增加到2021年的178.03万t（图2-4），我国苜蓿干草正常年份进口量为140万t左右，年均增长14.3%，主要为特级以上的苜蓿，用于高产奶牛。2021年，进口量同比增加31%，平均到岸价格382美元/t，同比上涨6%。

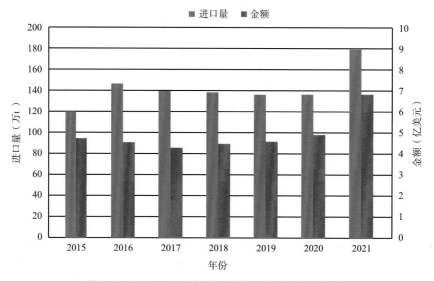

图2-4　2015—2021年我国苜蓿干草进口量及金额

2021年苜蓿粗粉及颗粒进口5.23万t，同比增加84%；平均到岸价格261美元/t，同比下跌8%。1—12月累计进口的苜蓿粗粉及颗粒，90%来自西班牙，7%来自意大利，3%来自哈萨克斯坦。从进口量来看，国内对苜蓿干草及苜蓿颗粒的需求呈强劲的增长态势，无论是苜蓿干草的进口量还是苜蓿颗粒的进口量均创历史最高。从进口价格来看，苜蓿干草进口价格近5年来一直呈上涨趋势，苜蓿颗粒进口价格随着进口量的增加日趋平稳，一改往年月度间大幅波动的状态，目前处于平稳运行状态。

从进口地理分布来看，我国草产品进口来源国日趋多元化。2021年我国进口的苜蓿干草主要来自美国、西班牙、南非、意大利、加拿大及苏丹，其中从美国进口143.43万t，占比80.6%；从西班牙进口22.73万t，占比12.8%；从加拿大进口4.67万t，占比2.6%；从南非进口5.19万t，占比2.9%；其余来自苏丹、意大利及阿根廷（图2-5）。苜蓿干草进口来源依然是美国领先，拥有81%左右市场份额，西班牙居第二位，拥有13%左右的市场份额，其余来自加拿大、南非、苏丹、意大利及阿根廷。目前，西班牙脱水苜蓿的市场份额在不断提高，随着西班牙出口商对中国市场开拓力度的加强，西班牙脱水苜蓿在我国苜蓿干草市场上还有进一步提升的空间。苜蓿颗粒进口来源国也一改西班牙一家独揽的局面，意大利、哈萨克斯坦及南非也开始涉足中国苜蓿颗粒市场。

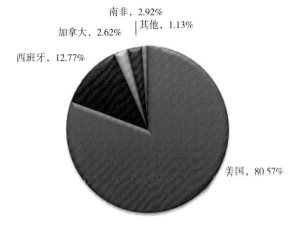

图2-5 我国苜蓿干草进口来源地分布

2. 燕麦草进口断崖式下跌

我国燕麦干草全部来自澳大利亚，从2010年开始我国燕麦草进口呈现快速增加，自2014年开始从澳大利亚进口燕麦干草超过10万t，一直处在高位价格运行，受澳大利亚干旱影响，燕麦草供给短缺导致价格上涨，2019年3月起进口燕麦草平均到岸价已超过苜蓿价格，达358.52美元/t，出于成本考虑，2018年、2019年牧场进口燕麦草用量有所减少（图2-6）。2021年初价格有所回落，2021年2月澳大利亚多家企业对华出口燕麦草的许可证到期后未得到续期，致使澳大利亚燕麦草对华出口量断崖式下跌，至今仍未完全恢复，燕麦草进口价格也因供给受阻开始一路走高，2021年燕麦草进口21.27万t，同比减少36%；平均到岸价格343美元/t，同比下跌1%。我国燕麦草2020年达到了历史最高产量，达到120万t，基本改变了5年前我国燕麦草依赖从澳大利亚进口的局面。从全国草牧业发展现状来看，饲草料短缺仍是限制我国畜牧业发展的主要因素，在我国北方草原牧区和农牧交错区建立高产优质燕麦饲草生产基地，大力发展燕麦饲草产业应用前景将非常广阔。

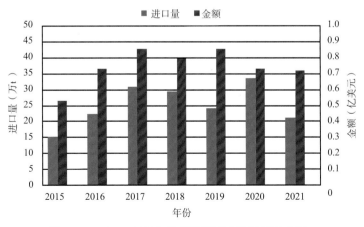

图2-6 2015—2021年我国燕麦干草进口量及金额

另外，我国草种进口量呈现量价齐升的态势，并且短时间也不会改变这种局面。2021年我国进口草种子7.16万t，同比增加17%。其中，进口量较大的黑麦草种子进口3.40万t，主要来自美国、丹麦及新西兰；羊茅种子进口2.09万t，同比增加75%，主要来自美国和丹麦；草地早熟禾种子进口0.79万t，同比增加159%，主要来自美国和丹麦；紫花苜蓿种子进口量为0.52万t，同比增加46%，主要来自加拿大、意大利、澳大利亚和法国；三叶草种子进口0.36万t，同比增加35%，主要来自阿根廷、美国及新西兰。

三、我国饲草商品生产态势

饲草产业将按照现代饲草产业发展规划的发展目标，到2025年国内草产品生产要基本满足国内80%左右的需求。

（一）奶业发展对饲草的需求

自2012年我国开始实施振兴奶业苜蓿发展行动，到2021年我国种植苜蓿商品草63.33万hm^2，2019年我国种植燕麦商品草8.36万hm^2，确保给奶业提供优质饲草，使得规模养殖场的奶牛平均单产已经普遍达到了10 t，生鲜乳乳蛋白质率达到了3.22%，乳脂率达到3.81%，生鲜乳检测合格率达到了99.5%，违禁添加物合格率达到了100%，婴儿配方奶粉的检测合格率也达到了98.7%，生鲜乳的质量标准完全赶上了西方生鲜乳的质量水平，甚至在某些方面还要超过发达国家的平均水平。

在市场带动下，经过政府、行业、企业共同努力，奶业振兴组合拳收效明显，2020年我国奶牛存栏和牛奶产量都取得了可观的增长，据农业农村部奶站监测数据，2020年奶牛存栏同比约增加9.8%，牛奶产量同比增加9.7%，我国乳业进入到一个全面质量提升、产量提高的阶段，也进入了乳产品质量历史最优阶段。牛奶产量在"十三五"期间从3 540万t增加到3 755万t，5年时间里增产了215万t，消耗了250万t优质苜蓿草，按照我国畜牧业"十四五"发展规划要求，奶业100头以上规模化养殖比例要增加到60%，全国奶类总产量达到4 100万t，还需要增加400万t优质苜蓿草的供应。此外，除了对优质苜蓿的需求外，奶业的发展还需要一定比例的优质禾本科类的粗饲料和青贮饲料约400万t，总体需要增加66.67万hm^2以上的优质饲草种植，同时还需通过技术升级和土地质量改善，将当前约220万t二级、三级的中低档苜蓿产品品质提高到中高档水平。

（二）肉牛肉羊产业发展对饲草的需求

我国肉牛肉羊业长期以来遵从秸秆畜牧业模式，但随着集约化和专业化程度的提高，优质饲草的利用率不断提高。肉牛肉羊饲养过程中也加大了优质干草的利用，优质饲草利用有逐渐增加的趋势，干草类（主要包括优质苜蓿、燕麦、羊草）利用已经达到2.9%，青贮类达到78.5%（其中玉米青贮占98%），以玉米秸秆和小麦秸秆为主的秸秆利用率减少到18.5%。

我国肉牛三段式育肥模式加大了对优质牧草的利用，在母牛干乳期对饲草粗蛋白质要求是7%～8%，干物质消化率50%，在怀孕期饲草粗蛋白质要求达到10%～12%，干物质消化率达到50%～60%；对于青年架子牛和小阉牛、小母牛的育肥要求是饲草粗蛋白质含量达到12%，干物质消化率达到65%～68%；优质饲草的质量是肉牛育肥效率的重要保障。

在中型牧场肉牛饲养模式中，粗饲料的结构干草达到2.9%，青贮达到78.6%，秸秆为18.5%，在2.9%的干草中，苜蓿的使用量达到了51.5%，燕麦达到了5.8%，羊草的使用率达到了42.7%。

饲草产业的快速、健康、可持续发展对于深化农业供给侧结构性改革、实施乡村振兴战略、推进农业农村现代化、推动我国农牧业经济实现高质量发展具有重要的现实意义。未来五年国家规划牛羊肉总产量达到1 300万t，牛羊规模饲养比重达到45%。牛羊规模化饲养带来的迫切需求就是各类干草和青贮等优质粗饲料的供应。从饲草需求来看，肉牛、肉羊规模场对于饲草的需求量逐年增大，相比前两年使用比例明显增加，主要是青贮量增加。以前大部分肉牛肉羊规模场采用秸秆+精料的模式饲喂，现在大部分牛场以青贮饲料+干草辅助精料，秸秆占比越来越少。目前我国秸秆饲用量已经达到2.4亿t，随着优质饲草产业的普及还需要进一步利用优质饲草青贮替代一部分营养低下的秸秆，这就需要新增233.33万hm^{2}以上的饲草种植面积。

（三）我国饲草生产发展态势

当前苜蓿草和燕麦草的定价体系仍然以进口草为准，国产草为了保持竞争优势，仍然采取了低价策略，从2011年我国大量进口苜蓿草开始，一直到2019年的中美贸易摩擦、2020年的新冠肺炎疫情影响以及不同年份生产国的气候和环境变化，我国国产苜蓿草价格与美国进口同等级别的苜蓿草捆相比，每吨要便宜300～500元，甚至会便宜800元以上。近三年国产青贮玉米、苜蓿草、燕麦草价格以年均10%、8.5%、35%的幅度上涨，2021年每吨价格已分别达到600元、2 600元、2 200元，优质饲草市场前景十分看好，吸引着越来越多的资本投入饲草业，各地政府部门也纷纷布局草业，加大支持力度，抢占市场，饲草业迎来新的发展机遇。从部分核心企业数据看，草产品质量提高明显，一级以上苜蓿干草比例达60%。在市场紧俏背景下，国家进一步加大对粮改饲及草牧业政策支持，国产草除了传统的西北及内蒙古优势区外，也在山西朔州、河南兰考、河北沧州、陕西榆林等地布局，未来国产苜蓿和燕麦草产业发展机遇与挑战并存。

随着资本投入和政府部门布局饲草产业，我国饲草产业发展快速，并且向专业化产业集群形式发展，这种专业化产业集群是商品饲草生产的根本保证。主要依赖于以下4个条件，一是具有与优质饲草种植相适应的气候条件和一定的土地规模；二是具有良好的国家饲草补助政策和当地的优惠扶持政策；三是当地政府对发展草业的科学认识和工作责任；四是由专业化饲草龙头企业的引领带动、科技示范和组织生产。目前在各级政府的大力支持和社会资本的积极参与下，已经形成一大批不同类型、不同区域、不同草产品为特征的饲草产业集群。以苜蓿产业为例，已经先后在甘肃河西走廊、宁夏黄河灌区、内蒙古阿鲁科尔沁旗、鄂尔多斯高原区、甘肃黄土高原区、宁夏黄土高原区、陕北榆林风沙区、安徽蚌埠五河区等地形成近十个苜蓿产业集群区，甘肃山丹、河北坝上、青海环青海湖、山西朔州等区域也形成了一批燕麦草集中产区。

第二节　山西饲草产业发展现状

2015年以来，山西省积极发展草牧业，探索构建草牧业发展生产经营方式，引进推广现代草业新品种、新技术、新成果，草业发展步伐不断加快，草牧业不断向种植专业化、生产规模化、质量标准化的道路迈进，草业产业发展执着强劲，多元化饲草料基地和产业化体系基本形成。特别是雁门关区域抓住北方农牧交错带建设的有利机遇，以草牧业为发展主线，区域内农业结构得到不断优化、农牧产业加快升级、农民收入快速增长、生态环境明显改善，草牧业取得了长足的发展，起到了示范引领作用，为山西省草牧业发展积累了宝贵经验。

一、山西饲草产业发展现状

（一）饲草种植面积现状

近年来，山西省积极实施雁门关农牧交错带示范区建设项目，发挥项目带动作用，强力推进饲草产业快速发展，截至2020年底，山西省耕地种草面积达到16.8万hm²，饲草鲜草总产量达到496万t，饲草业总产值达到12.8亿元。山西草业发展以雁门关区域（主要包括大同市、朔州市）为主，2020年雁门关区域优质饲草种植面积达到13.49万hm²，占山西饲草种植面积80.3%。其中，种植苜蓿2.45万hm²、青贮玉米6.22万hm²、燕麦草1.81万hm²，其他饲草3.00万hm²。饲草总产量达到379.81万t，占山西饲草总产量的76.57%。其中，青贮玉米总量达到175.31万t，干草量达到26.07万t，草业总产值达到10.25亿元。近年来在雁门关区域实施饲草高效节水灌溉工程，目前已建成高产苜蓿生产基地20万hm²，千亩以上集中连片的苜蓿基地48处，集中连片300亩以上的燕麦草基地达60处。山西强力推进饲草产业快速发展，逐步形成完善的草业产业体系。根据2020年抽样调查，青贮玉米产量平均为57.0 t/hm²，销售价格500元/t，毛收入28 500元/hm²，除去成本后种植青贮玉米纯利润约为6 000元/hm²；燕麦草干草单产4 950 kg/hm²，毛收入12 375元/hm²，除去成本纯收入

4 020元/hm²。

（二）主要饲草种植品种现状

山西在扩大种植面积的同时，逐渐优化饲草种植品种。经统计，山西省苜蓿种植品种主要有25个品种，其中单品种种植面积超过1 000 hm²的品种有9个。塔苜F5和中苜3号种植面积最大，全省种植面积分别为3 333.0 hm²，各占总面积的17.9%；DS310FY在平鲁区种植面积约2 533.3 hm²，占总面积的13.6%；阿尔冈金主要种植晋北寒冷地区，种植面积约2 400 hm²，占总面积的12.9%；WL343HQ种植面积约1 666.7 hm²，占总面积的8.9%；阿迪娜种植面积约1 333.3 hm²，占总面积的7.1%；金皇后种植面积约1 133.3 hm²，占总面积的6%；普沃4.2、骑士种植面积分别为1 000 hm²左右，各占总面积的5.4%。山西省青贮玉米种植品种有50多个，其中单品种种植面积超过1 000 hm²的品种有3个。大京九23号种植面积约3 393.3 hm²，占总面积的19.91%；雅玉8号种植面积约3 146.7 hm²，占总面积的18.45%；中地88种植面积约1 000 hm²，占总面积的4.69%；其他种植面积超过666.7 hm²（1万亩）的品种还有锦润919、中地159、双惠88、联创808等。山西省燕麦草种植品种主要有9个，其中单品种种植面积超过1 000 hm²的品种有4个。牧乐思种植面积约3 333.3 hm²，占燕麦种植总面积的28.72%；科纳种植面积约2 666.7 hm²，占总面积的22.98%；白绿、白燕麦种植面积分别为1 333.3 hm²左右，占总面积的11.49%；其他种植面积超过666.7 hm²（1万亩）的品种还有大汉、青甜1号、海威、贝勒2等。

（三）山西饲草种植模式现状

山西南北、东西气候差异较大，饲草种植模式也有一定差异。山西省北部雁门关区域是半湿润半干旱气候交汇的农牧交错带，是苜蓿、青贮玉米、燕麦草的传统种植区和主产区。临汾、运城、晋城等晋南地区无霜期长，光热资源丰富，农业生产条件优越，是山西省一年两熟种植区，当地农户一直有麦后复播的传统，饲草产业可挖掘潜力巨大。

近年来，山西省不仅产业政策扶持雁门关农牧交错带建设，而且加大了草牧业科技创新示范推广力度，示范推广了青贮玉米深松密植高产、肉羊饲草料配制、喷灌滴灌高效节水、牧草病虫害综合防治等新技术，青贮玉米豆科牧草套种、豆科牧草轮作等种植模式，牧草全程机械化生产、秸秆综合加工利用、裹包青贮、微贮等加工技术，发挥科技支撑作用，提高了优质饲草产量和质量，极大地促进了饲草产业的快速健康发展。

山西为了解决优质饲草生产供应不足问题，除了在雁门关农牧交错带大力发展饲草产业外，在运城市、临汾市、晋城市等开展了麦后复播、草田轮作、冬闲田种植饲用小黑麦等饲草生产模式的示范和推广，重点推广了"小麦+青贮玉米""小麦+饲用大豆""两茬青贮玉米+小麦""青贮玉米+燕麦""青贮玉米+苜蓿""青贮玉米+饲用小黑麦"等复播模式。麦后复播+青贮玉米深松密植高产技术的鲜草产量达到93.0 t/hm²，可增收7 740元/hm²；麦后复播+饲用大豆与全株玉米混贮比全株玉米青贮粗蛋白含量平均提高4个百分点以上，可增收8 250元/hm²；青贮玉米+冬闲田种植饲用小黑麦轮作，小黑麦鲜草产量可达到52.5 t/hm²。在晋南地区示范推广麦后复播饲草技术，不仅可以利用夏闲田生产饲草，而且避免了种草与种粮争地；复播饲用大豆不仅利用根瘤菌的固氮作用提高土壤肥力，而且有利于小麦轮作倒茬；麦后复播饲草技术不仅解决了大量秸秆还田引起的病虫害，而且提高了后茬作物播种质量；复播饲草技术不仅可以缓解饲草短缺的问题，而且解决了晋南地区籽粒玉米容易发霉的问题。山西饲草生产初步探索出了一条"南北互补、粮草兼顾、农牧循环"的新路子，不仅提高了北部饲草龙头企业饲草机械使用率，而且扩大了全省饲草发展空间，逐步实现了农牧业生产良性循环。

据统计，2020年全省春播玉米142.08万hm²，其中仅太原盆地的11个县市玉米收获后冬闲田就达22.0万hm²，冬闲田空闲时间长达半年，在晋中、太原等地推广冬闲田种植饲用小黑麦技术。在有灌溉条件下，扬花期刈割鲜草产量可以达到52.5 t/hm²，干草产量可以达到10 500 kg/hm²，粗蛋白在10%以上，利用冬闲田种植饲用小黑麦可以增收7 500～10 500元/hm²。将传统的"一年一作"玉米种植方式变为"玉米+饲用小黑麦一年两作"轮作方式，不仅充分利用玉米种植后的冬闲田，而且大幅提高优质饲草产量；饲用小黑麦在10月中旬种植，第二年5月中旬收获，此时正是饲草缺乏的季节，可及时补充优质饲草；饲用小黑麦干草不仅可以替代牛场急需燕麦草等禾本科干草，而且减少燕麦草进口依赖；饲用小黑麦不仅具有较强的抗旱、抗寒特性，而且产量高、品质好；饲用小黑麦在晋中、太原盆地的冬闲田均可种植，而且在煤矿复垦地、撂荒地种植效果较好；秋季种植后饲用小黑麦绿化了国土空间，而且对土壤起到了防风固土作用。

（四）山西饲草产业现状

从2015年以来，朔州市被确定为全国唯一整市推进的草牧业试验试点市，山西省也借势强力推进饲草产业快速发展，试点范围由2015年的1市3个县扩大到2020年的11市90个县，基本覆盖了肉牛、肉羊重点养殖县，6年共下拨"粮改饲"国家补助资金38 438万元，完成"粮改饲"试点任务25.43万hm²。山西省从2013年开始实施奶业振兴苜蓿行动计划，到2020年共补助种植高产优质苜蓿1万hm²。2015至今中央草原生态保护补助绩效评价奖励资金14 743万元，用于草牧业试点工作，对饲草收割加工机械、饲草品种植试验示范、饲草加工调制、草畜一体化示范、青贮窖建设等给予补贴，草牧业试点工作取得了显著成效。

近年来，山西草业的发展以雁门关区域为主，雁门关区域坚持立草为业，加快建设现代饲草产业体系。截至2020年底，山西省耕地种草面积达到16.8万hm²，饲草总产量达到496万t，饲草业总产值达到12.8亿元。山西省在扩大饲草种植面积的同时，积极培育饲草龙头企业和规模化饲草加工企业，加强牧草加工基础设施建设，支持牧草企业建设草棚草库，配套先进的饲草收获、加工、贮运等机械设备，培育了一批影响力和示范带动作用较大的饲草龙头企业，提升了饲草加工能力和水平。山西省饲草种植加工企业发展到263家，其中雁门关区域饲草种植企业169家，占山西省的92%，饲草加工企业47家，占山西省的92%，饲草种植加工一体化龙头企业20家，占山西省的74%，拥有大型饲草机械214台套，中小型饲草机械6 630台套。

山西省畜牧技术推广服务中心积极组织协调朔州市骏宝宸农业科技股份有限公司牵头，联合行业内科研院所、种植、加工、设备制造等28家优势企业成立了山西省牧草产业技术创新战略联盟，积极组织联盟成员开展技术研讨、生产合作、产业融合和参加展览等相关活动。联盟内现拥有饲草种植加工机械800多台，储草库、农机库面积20 000多m²，每年销往省外的饲草超过10万t，引进高端饲草产品行业重点领域的关键技术、共性技术和前沿技术，促进产学研合作各方的共同发展，促进山西省饲草产业的可持续发展。由朔州市骏宝宸农业科技股份有限公司牵头建设山西省饲草交易平台，该平台立足山西、面向全国，集生产、加工、储备、智能化饲草网络交易于一体，是电子商务下牧草行业信息服务平台，从种植、加工、销售到运营全链条为企业（牧草供应商）和用户（牧草采购商）提供数据化服务，推动行业高质量发展。

二、山西饲草产业发展存在的问题

（一）饲草产业发展南北不平衡

山西的饲草产业主要表现为北强南弱，雁门关区域由于有得天独厚的地理气候、土地资源等优势和政策扶持，发展势头较好，草牧业已形成一定规模。而其他区域受地理环境、技术水平、扶持政策等因素影响，饲草产业化发展滞后，没有形成饲草专业化生产的格局。

（二）土地资源等因素制约了饲草种植面积的快速扩展

土地是饲草发展的基本要素，国办发出台了《关于防止耕地"非粮化"稳定粮食生产的意见》（国办发〔2020〕44号），要求采取有力措施防止耕地"非粮化"，切实稳定粮食生产，牢牢守住国家粮食安全的生命线，因此种植饲草的土地受到影响，2020年以后通过耕地种草来扩大饲草生产面积难度很大，而且由于土地流转成本较高，降低了饲草行业利润。全省有果园38.11万hm²、撂荒地8.6万hm²、复垦地大约4.57万hm²、沿黄河滩涂地约4万hm²、晋南地区复播玉米2.14万hm²、晋中盆地玉米收获后冬闲田达22万hm²，这些都为饲草产业提供了较大的发展空间。

（三）饲草机械因素影响了企业收益

饲草企业在区域内收获和加工机械的资源共享和组织化水平较低，草产品加工企业的饲草收割、裹包等大型机械设备只有在收割时才使用，大部分企业的饲草机械全年利用时间不到1/4。许多地方饲草种植没有形成规模，种植面积分散，无法利用大型机械进行作业，造成饲草收获和加工机械化程度低。

国产饲草机械目前的技术含量不高、性能不稳定，与生产需求差距较大，而进口饲草加工设备价格较高，补贴较少，企业若自行购置进口饲草机械投入较大，资金占用率高，会影响企业的正常运转。

（四）优质饲草种子依赖进口

山西省内种植的饲草品种虽然很多，然而却缺乏专业化的制种基地和种子生产能力，产学研结合不是很紧密，大部分地方没有形成真正的主导品种，苜蓿等优质饲草以引进国外品种为主，国产苜蓿草种的市场占有率较低，优质苜蓿品种较少，影响到了优质高产苜蓿示范基地的创建和奶牛、肉牛、肉羊等产业的高质量发展。

（五）龙头企业带动力不强

据统计，山西省草产品加工企业中12家为苜蓿等饲草加工企业，20家为青贮玉米收贮加工企业，其他基本上是秸秆打包或加工草捆等小型企业或专业合作社，大多数生产规模小，机械化装备水平低，管理水平不高，草产品优质龙头企业数量较少，竞争能力不足，带动能力不强，一定程度上制约了饲草的产业化发展。

（六）山西省优质饲草需求缺口较大

从饲草需求来看，奶牛、肉牛、肉羊规模场对于饲草的需求量逐年增大，相比前两年使用比例明显增加，主要是青贮量增加。据测算，山西省每年需要优质饲草的量达到980万t，每年从国外和省外调入的优质饲草为484万t，优质饲草缺口接近1/2。多年来，优质饲草价格居高不下，2019—2021年涨幅分别为20%、8.5%、35%，2022年山西省青贮玉米、苜蓿干草、燕麦干草每吨价格已分别达到800元、2 600元、2 200元（青贮玉米每亩纯收入800~1 200元、苜蓿干草每亩纯收入900~1 200元、燕麦每亩纯收入500~700元），大力发展饲草业面临前所未有的市场机遇。

山西省生产的苜蓿品质与国外及国内一些苜蓿主产区相比仍有一些差距，主要原因是受种植环境、技术、机械等因素影响，收获加工、储存运输、质量检测等设施设备不完善以及苜蓿生产主要利用盐碱地、风沙地、退耕地、撂荒地等低劣土地，造成饲草品质不稳定，严重影响了优质饲草的销售数量和销售价格，制约了草业的高质量发展。

第三章

山西饲草需求与供给

第一节 草食畜牧业发展趋势与饲草需求

近年来，随着农业供给侧结构性改革的推进，以牛羊为主的草食畜牧业在畜牧业总体当中的地位日渐重要。草食畜牧业带动了饲草产业的快速成长，但与提升牛羊生产标准化、规模化水平的要求相比，现有养殖模式成本高效率低、资源有效利用不足的问题仍较为突出，饲草青贮加工饲喂等基础性工作显得有些滞后。为此，进一步拓展青粗饲料来源，构建粮经饲兼顾、农牧业结合、生态循环发展的种养业体系，转变传统草食畜牧业生产方式，加快实现草食牲畜高效转化，已成为畜牧业结构调整的重要组成部分。

一、我国草食畜牧业发展趋势

中国作为世界第一畜牧养殖大国，2019年畜牧业总产值约3.3万亿元，2020年奶类产量4 100万t，牛肉、羊肉产量1 300万t，奶牛规模养殖比重从48.3%提高到67.2%，单产从5.5 t提高到8.3 t，每产出1 t牛奶的精饲料用量减少12%；肉牛、肉羊规模养殖比重达到29.6%、43.1%，肉牛出栏活重增加到479 kg，肉羊出栏率提高到106.2%。《关于促进畜牧业高质量发展的意见》（国办发〔2020〕31号）中要求，到2025年畜禽养殖规模化比例达到70%，规模化养殖水平的不断提升是畜牧业生产方式的一个重大的转变，生产效率提高，机械化水平提高，畜牧业设施装备水平、自动饲喂、自动环控以及信息技术的应用飞速发展，整体生产方式相比传统畜牧业生产发生很大的变化。

1. 草食畜牧业生产方式不断创新

"十三五"期间，为加快推进农业供给侧结构性改革，促进粮改饲政策的实施，在"镰刀弯"地区成规模大面积实施以青贮玉米为主的青贮饲料种植，为构建种养结合、草畜兼顾的新型农牧业提供了有力的技术支撑。充分利用好草原牧区和农业区两个区域的资源优势，通过推广分群饲养、分段饲养、农牧结合、资源共享，最大限度降低生产成本，提高经济效益，创新出一套肉牛肉羊的养殖模式。到2019年，结合产业发展需求及脱贫攻坚进入到关键阶段，在全国加大优质青粗饲料开发利用示范，大力推广青粗饲料种类、品种配置和饲草轮作复种技术、饲草青贮加工贮藏技术、青贮品质控制与提升技术等饲草生产关键技术，在牧区推广牛羊基础母畜的同期发情和高效产犊技术、哺乳母畜带羔放牧补饲技术、农区舍饲圈养的快速低成本育肥技术等，逐步形成了草食畜牧业发展规模比较大的区域特色。

当前，我国在牛羊良种繁育、营养饲料、饲养管理、健康养殖等方面的科技推广取得了良好进展。但我国肉牛肉羊等草食畜禽生产在整个畜牧业发展中仍是短板，现代化生产水平总体较低，饲料资源紧缺、养殖成本高已成为影响我国肉牛肉羊产业发展的瓶颈。一方面，我国牛羊肉生产供给草食畜牧业与饲草产业协同发展，与市场消费需求相比缺口较大，且呈现越来越大的趋势。据统计，2011—2020年，我国牛肉产量增长44.3万t，年均增产4.92万t，与牛肉消费量年均上涨35.39万t相比，牛肉产量增长速度明显慢于消费增长速度。另一方面，我国肉牛肉羊的生产成本较高。我国的牛羊养殖成本显著高于澳大利亚、美国等国家。近年来，我国牛肉价格持续上涨，在国际市场中价格优势逐渐消失，同时我国肉牛养殖成本中仔畜费、饲料费远高于其他国家。究其原因，主要在于产业基础长期薄弱、生产组织形式相对落后，以及整个饲养管理效益比较低下，导致成本较高。

2. 优势区域生产基础更加牢固

近年来，国家实施粮改饲、优质苜蓿种植、现代草地畜牧业发展、草原生态保护、基础母牛扩群增量等重大扶持政策，有力推动了青贮饲草料和优质苜蓿产业发展，天然草地资源有效恢复，牛羊基础母畜存量不断增加，为牛羊牧繁农育提供了良好的物质基础。

从目前的养殖方式和水平来看，由于牛羊生物特性的限制，其对区域资源的依赖性较强。我国东北、中原等牛羊生产传统优势产区，北方农牧交错带资源优势明显，可以通过放牧的方式，利用天然草原的饲草降低母畜养殖成本；农牧交错带区域农作物副产品和农产品加工副产物类的非常规饲料数量较大，可充分发挥商品畜育肥优势。南方草山草坡地区，主要集中在我国的中西南部，包括江西、湖北、湖南、广西、云南、贵州、四川、重庆等地，区域内有相当数量的草山草坡、饲草资源以及农闲田种植饲草的优势，具有打造牛羊主导产业的潜力。北方农牧交错带和南方草山草坡地区在一定程度上解决了基础母畜不足的问题，能够为全国肉牛肉羊生产夯实基础。

3. 草食畜牧业和饲草产业高水平发展不断提高

针对当前制约我国草食畜牧业发展的养殖成本偏高、生产效率偏低等主要因素，农牧交错带兼备牧区天然草原资源丰富（成本低）和农区人工饲草料易获得（舍饲养殖效益高）两方面的优势，结合生产方式的转变，可实现牛羊生产降成本、提效率，促进牛羊养殖环节实现高水平高质量发展，提升我国牛羊肉的国际竞争力。

为加快推进"十四五"时期牛羊产业发展，2021年农业农村部印发了《推进肉牛肉羊生产发展五年行动方案》，通过实施牛羊增量行动，在农牧交错带省份支持增加基础母畜存栏，调动地方母牛饲养积极性，提高牛群质量，逐步解决基础母牛存栏增速放缓、架子牛供给不足等发展问题；同时在南方省份支持建立牛羊生产草畜配套、种养结合的发展机制，提高牛羊肉产品供给能力，促进养殖场户增产增收。

随着今后进一步提升草食畜牧业和饲草产业的技术水平、生产水平，以及构建科学合理的产业布局，项目将对今后建设成高水平的草食畜牧业和饲草产业带来较大推动作用。同时，通过项目的实施，在带动产业发展的同时，对农牧民增收也有促进作用。"通过优势区域不断创新生产经营组织方式，促进相关脱贫地区草食畜牧业发展，提高肉牛肉羊养殖的科技水平和生产效率，鼓励发展"企业+合作社+农户"（以大带小）的生产格局和利益连接机制，使广大养殖户能够融入现代牛羊生产组织格局当中，在规模化、集约化的生产中发挥团体作用，能够进一步通过提质增效增加经营收入，实现产业扶贫与乡村振兴战略的深度融合。

二、山西省草食畜牧业发展趋势

近年来，山西省积极发展草牧业，优质饲草供应增加，有力促进了草食畜牧业高效发展，草牧业在实施乡村振兴战略，促进农业转型升级、农民持续增收和产业精准扶贫等方面发挥重要作用。2020年全省奶牛存栏38.2万头，比2015年增长79.2%，奶产量117万t，每产出1 t牛奶的精饲料用量减少12%。全省肉牛存栏117万头、出栏48万头，比2015年增长近2倍。全省羊存栏970万只、出栏573万只，比2015年分别增长58.5%、16.5%。根据山西省"十四五"畜牧业规划，到2025年全省奶牛存栏50万头，奶产量180万t，比2020年年增长9%。全省肉牛存栏142万头，比2020年年增长4%。全省羊存栏1 180万只，比2020年年增长4%。

到2025年，山西省实施农业"特""优"战略，大力推进规模化、标准化、机械化、智能化生产，强化科技创新支撑，推进粮经饲统筹，在雁门关农牧交错带坚持生态优先、草畜结合、农牧循环，在保障生态安全和提升粮食产能的基础上，调优结构、调高质量、调特产品，结合奶业强省战略、晋北肉类出口平台和十大产业集群建设，进一步优化雁门关区域农业结构，支持朔州、大同等地建设优质牧草基地，发展青贮玉米、苜蓿、燕麦草等优质饲草种植，创建全国一流的现代饲草龙头企业10个、10万亩以上的饲草基地10个。加快大同肉业和奶牛、朔州奶牛和肉羊、吕梁肉牛、忻州绒山羊等产业集聚区建设，推动草食畜牧业高质量发展，创建高标准牛羊生态牧场50个，区域内肉类总产量、奶类总产量分别占到全省的40%、70%，畜牧业增加值占农业增加值比重达到50%。

到2025年，在全省重点建设20个肉牛大县，推广"户繁场育、山繁川育"模式，全省肉牛出栏达到54万头，牛肉产量达到10万t以上，产值达到86亿元。重点发展20个奶牛大县，开展标准化规模示范场建设，全省奶牛存栏50万头，牛奶产量180万t以上，年产值达到86亿元。重点发展20个肉羊大县，全省年出栏肉羊682万只，羊肉产量11万t，产值83亿元。重点发展35个饲草种植加工大县，按照"南北互补、中部突破、全面发力、整体提升"的总体思路，在稳定雁门关区域饲草生产的基础上，在晋南、晋东南地区推广麦后复播饲草，在中部推广青贮玉米与冬闲田饲用小黑麦轮作，在全省布局建设50个优质高产饲草生产基地，全省优质饲草种植面积达到21.3万hm^2，饲草产量达到1 000万t，产值达到20亿元。支持饲草龙头企业加强饲草加工基础设施建设，建设饲草加工收储基地，配套先进的饲草种植、灌溉、收获、加工、贮运和检验检测等机械设备，推广饲草生产新品种、新技术、新模式，提升饲草加工能力和水平，扩大饲草种植面积，促进饲草产业高质量高速度发展。

三、饲草需求

饲草是草食家畜赖以生存的最主要的物质基础，牲畜生产的经营规模和发展速度直接受饲草的数量和质量的制约。乡村振兴全面推进，脱贫地区牛羊等特色产业不断发展壮大，将为饲草产业发展提供强大动力。发展多年生人工草地、草田轮作是固碳增汇的重要手段，在实现碳达峰碳中和过程中有望发挥积极作用。随着对饲草产业地位和作用的认识不断深化，产业发展环境持续改善，政策保障体系逐步健全，将为现代饲草产业发展提供有力支撑。

我国商品饲草主要用于供应国内规模养殖场的饲喂需求，包括规模奶牛场、肉牛场和肉羊场。全国草食家畜饲草料需求总量为5.1亿t，总体缺口巨大，必需提高国内产能。其中6个重点牧区饲草料需求量占全国饲草需求量的40%以上，内蒙古自治区饲草需求量高达6 000多万t，为全国饲草需求量最高省份；在其他农区中以河南、山东、河北、云南、黑龙江饲草需求量较大，需求量占全国总需求量的20%以上。

我国奶牛存栏约600万头，按每头奶牛每日需要青贮玉米30 kg、苜蓿2 kg、燕麦2 kg计算，需要商品青贮玉米6 570万t、商品苜蓿干草438万t、商品燕麦干草438万t。我国规模肉牛养殖场存栏量840万头左右，按每头牛每日饲喂12 kg商品青贮玉米计算，需要商品青贮玉米3 679.2万t。我国规模肉羊养殖存栏量7 500万只，按每只羊每日饲喂2 kg青贮玉米计算，需要青贮玉米5 475万t。另外，种羊场每只羊每日饲喂0.5 kg苜蓿、0.75 kg燕麦。

当前，制约我国畜牧业发展的突出问题是草畜不平衡，草畜矛盾尖锐。传统的农区二元种植结构过于单一，土地综合利用水平低，由于大量土地仅种植粮食作物使饲草需求缺口进一步凸显，造成草地畜牧业发展的一大障碍。牧区天然草地退化严重，人工草地和改良草地所占比重小，加之管理不善、过度放牧，致使草畜供求失衡。畜牧业生产无法获得充足的生产资料与饲料供应，蛋白饲料资源的产品供应不足，形成长期性的结构矛盾。且根据国家人口与计划生育委员会及相关人口专家预测，到2030年我国各类畜产品消费量和生产量将显著增加。由于我国在未来较长一段时期内，人口数量将持续增长，耕地面积将持续减少，粮食增产难度将越来越大，进一步开发利用牧草和秸秆资源，"以草换肉"能有效缓解粮食压力。而建立农区与牧区的草业耦合系统，发展草食家畜、发展草地农业成为当前我国畜牧业产业发展的必然要求，挖掘和利用农区丰富的饲草资源和次级土地资源以提高生产和利用效率，不但可确保粮食安全和饲草供给，也能缓解草地退化等生态安全问题，草食家畜在现代畜牧业中的作用将直接影响我国现代农业发展的进程。

到2025年，山西省肉牛存栏142万头，出栏达到54万头，奶牛存栏50万头，肉羊存栏1 180万只，出栏682万只，需要饲草2 256万t。山西省天然草地饲草理论产量为1 024万t，可承载理论饲养量为1 684万个羊单位，但是天然草地面积减少，生产水平降低。据第三次国土资源调查，2019年山西省现有天然草地面积310.51万hm²，占全省国土面积的19.9%，经测算草地理论载畜量也由于草地面积减少、质量下降、产草量降低，从20世纪80年代的1 100万个羊单位/年下降到不足700万个羊单位/年。草食畜饲养量是草地载畜量的3.38倍，山西省天然草地普遍处于超载过牧状态，草畜平衡状况堪忧。截至2020年底，山西省耕地种草面积达到16.8万hm²，饲草总产量达到496万t；秸秆等粗饲料折合干草1 390万t，按照30%的饲料利用率计算，实际作为饲草利用为417万t。目前山西省可利用饲草总量为1 338万t，饲草缺口918万t。

山西地处农牧交错带，适宜的气候条件能够适应各类牧草、农作物及不同畜种的生长繁殖，具有实施"粮草兼顾"的区位优势，加上丰富的土地资源，可谓畜牧产业发展黄金地带。第三次国土资源调查数据显示，全省有15°以上的坡耕地176.7万hm²，随着城镇化建设步伐的加快，保守估计，全省有100万hm²的土地可进行草田轮作，建设粮草兼顾型农业结构，载畜量可达2 000万个羊单位。全省玉米收获后适合种草的晋中、太原盆地冬闲田约22万hm²，适合麦后复播饲草的运城、临汾、晋城等地面积为32.13万hm²，还有果园38.13万hm²、复垦地4.6万hm²、沿黄河滩涂地4万hm²，这些都为饲草产业提供了较大的发展空间。据山西省"十四五"饲草产业规划，到2025年优质饲草种植面积达到21.3万hm²，饲草产量达到1 000万t，可满足山西省基本实现饲草自给自足。但是，山西省草食畜牧业发展是在草地禁牧与饲草供应的夹缝中生存与发展，草食畜牧业舍饲圈养集约化程度越来越高，饲草需求越来越多，饲养成本大幅增高，饲养效率明显降低。

近年来，随着草食畜牧业规模化集约化养殖程度的加深，山西省的人工草地建设保持了稳步快速的发展势头，利用撂荒地、弃耕地、坡耕地等土地实施粮草轮作模式，在草食畜饲养量多而集中的地方实施多种饲草种植模式。同时省内各地正在积极探索开发饲草资源新路径，如秸秆利用、林间果园种草、盐碱地开发等模式，扩展畜牧业发展空间，同时支持饲草龙头企业加强饲草加工基础设施建设，建设饲草加工收储基地，配套先进的饲草种植、灌溉、收获、加工、贮运和检验检测等机械设备，推广饲草生产新品种、新技术、新模式，提升饲草加工能力和水平，扩大饲草种植面积，促进饲草产业高质量高速度发展。

第二节　山西饲草生产潜力与效益分析

一、山西饲草生产潜力分析

（一）山西天然草地生产潜力分析

山西省属于黄土高原地区，属于暖温带半湿润、湿润季风气候，主要气候特征为雨热同季，降水量的70%～80%集中在农作物生长季，对农业生产有利，但特点是降水变率大，农牧业生产易受干旱威胁。大部分地区的地面、地下水资源相对不足，河川径流干枯变化大，开发利用困难。该地区也是水土流失面积较大和较严重的地区。

山西省草地资源主要分布在太行、吕梁山区和中部盆地的边缘地带，以天然草地为主。据第三次国土资源调查，2019年山西省现有天然草地面积310.51万hm²，占全省国土面积的19.9%。草地分布极不均匀，多为山地次生、暖性灌丛草地，分布零碎，牧草质量较差，产量较高，如太行山、吕梁山、雁门关地区，一般坡度较大，影响草地利用率。山西天然草地多分布于晋北至晋中地区，受自然地理条件约束，冬长夏短，气候严酷，牧草夏多冬少，因季节牧草过剩得不到合理配置而废弃，牧草生长迅速，快速变老，质量较差。总体来说，山西省的天然草地生产潜力大，但天然草地90%以上存在不同程度的退化，载畜力有限，仅能承载600万～1 000万个羊单位的放牧强度。对天然草地进行合理的保护与改良，其生产能力可提高2～5倍，载畜量可上升至7.5～15个羊单位/（hm²·a），为草食畜母畜及架子畜养殖奠定物质基础。

（二）山西人工草地生产潜力分析

人工优质牧草种植，是提供畜禽养殖饲草饲料的有效来源，是舍饲圈养、快速育肥的基础，也是传统畜牧业向现代畜牧业转变和发展的基础条件，是解决饲草料供给不足、缓解饲草需求缺口巨大的有效措施。山西农区饲养业发达，草业发展相对集中在农牧交错带，近年来以苜蓿、饲用燕麦、青贮玉米为主的人工栽培饲草的面积增加迅速，开始形成规模生产。山西省2020年全省优质饲草种植面积16.8万hm²，以雁门关地区占比最大，包括大同市、朔州市、忻州市、吕梁市六县及太原市娄烦县优质饲草种植面积合计13.5万hm²，占全省种植面积的80%。可见，目前山西省饲草供给侧中心在晋北，晋中、晋南等地区的饲草生产面积、水平与技术仍处于相对落后的情况，需求-供给链的不平衡、发展的不平均是山西省草牧业需要直接面对的问题。

山西省"十四五"饲草产业规划，为适应草食畜牧业发展需求，因地制宜挖掘生产潜力，促进饲草产业与草食畜牧业协同发展。在雁门关农牧交错带以满足奶牛、肉羊饲草需求，种养结合为主，以对外商品化生产为辅，饲草品种重点发展苜蓿、青贮玉米、饲用燕麦等优质饲草，打造一批优质苜蓿、青贮玉米和饲用燕麦干草生产基地。在中部地区以满足晋中市、吕梁市肉牛饲草需求为主，种养结合和商品化生产相互兼顾、均衡发展，饲草品种重点发展饲用小黑麦、青贮玉米、饲用高粱等，打造一批饲用小黑麦和青贮玉米生产基地。在南部地区以商品草销售为主，兼顾本地草食畜需求，饲草品种重点发展青贮玉米、饲用大豆等，积极推广麦后复播饲草，加快发展裹包青贮玉米生产，提升区域内饲草生产社会化服务水平，打造面向华南、华中、西南的商品草生产销售基地。在东南部地区以提高秸秆饲料化利用率为主，兼顾发展青贮玉米和优质苜蓿种植，饲草品种重点发展青贮玉米、优质苜蓿等品种，打造适合本地肉羊发展需求的秸秆饲草料基地。

在雁门关地区大力推进苜蓿产业带建设，逐步实现优质苜蓿就地就近供应，保障奶牛规模养殖苜蓿需求；扩大晋南地区苜蓿基地建设面积，建成一批优质高产苜蓿商品草基地。到2025年全省苜蓿留床面积保持在3.33万hm^2。以雁门关农牧交错带以及牛羊传统养殖优势区、玉米种植优势区域为重点，支持建设一批专业化、集约化、高水平全株青贮玉米生产基地。在晋中、晋南推行青贮玉米与冬小麦、饲用小黑麦等高效轮作生产模式。到2025年全省全株青贮玉米种植面积达到14万hm^2。利用冷凉地区轻度盐碱地、坡地等土地资源，在朔州市平鲁区、右玉县等地建设优质饲用燕麦生产基地。到2025年全省饲用燕麦种植面积达到2万hm^2。充分利用太原、晋中、忻州、吕梁、长治等地冬闲田种植饲用小黑麦，打造饲用小黑麦特色商品草生产基地，在晋南地区推广饲用小黑麦与青贮玉米轮作模式，不断扩大饲用小黑麦种植面积，到2025年全省饲用小黑麦种植面积达到2万hm^2。

到2025年，全省饲草种植面积达到21.3万hm^2，产量达到1 000万t，可承载饲养量1 500万个羊单位。饲草单产提高10%以上，二级以上苜蓿干草达90%以上，进口苜蓿替代25%以上。牛羊饲草需求保障率达80%以上。饲草良种覆盖率达90%以上。饲草生产与加工机械化率达80%以上。

（三）山西秸秆等粗饲料生产潜力分析

秸秆是指农作物收获后残留下的不能食用的茎、叶等副产品，不包括后期加工产生的副产品及作物根部。一般来说，根据作物产量采用草谷比来估算秸秆量。山西省农作物秸秆资源种类繁多，除小麦、玉米外，还有杂粮、豆类、薯类、棉花、油料作物等10多种秸秆资源。在经济产量一定的前提下，根据多年山西省农作物产量及秸秆核算草谷比（表3-1）来估算秸秆产量。

表3-1 山西省主要作物的草谷比（杨海蓉等，2015）

作物种类	草谷比	作物种类	草谷比
玉米	1.17	薯类	0.46
小麦	1.26	向日葵	2.63
谷子	1.59	胡麻	2.00
高粱	1.60	其他油料	2.00
其他谷物	1.50	甜菜	0.37
大豆	1.34	棉花	2.62
其他豆类	1.60	生麻	1.70

2019年全省农作物种植面积352.44万hm²。其中，粮食种植面积312.62万hm²，在粮食作物中种植面积较大的有：小麦种植面积54.68万hm²，玉米种植面积171.50万hm²，谷子种植面积21.16万hm²，大豆种植面积12.91万hm²，马铃薯种植面积16.24万hm²，其他作物均小于10万hm²。2019年全省粮食总产量1 361.80万t，作物秸秆总产量1 717.62万t。其中，小麦秸秆产量285.03万hm²，玉米秸秆产量1 099.06万hm²，谷子秸秆产量80.29万hm²，大豆秸秆产量28.77万hm²，马铃薯秸秆产量84.36万hm²。随着农业连年丰收，秸秆产量也逐年增加，秸秆资源出现了地区性、阶段性和结构性过剩的问题。

山西省农作物田间秸秆总产量虽然不稳定，但总体上呈波动上升趋势，从2012年开始基本稳定在1 700万t左右（图3-1），农作物秸秆中以谷物秸秆为主，2010—2019年谷物秸秆产量在1 500万t左右，占农作物秸秆平均比例91.49%，豆类、薯类、油料作物及其他作物的秸秆产量均相对较少（表3-2）。玉米秸秆和小麦秸秆在秸秆总量中占据重要地位，2010—2019年玉米、小麦秸秆量占秸秆总量的比例分别为68.68%和17.21%，占谷物秸秆

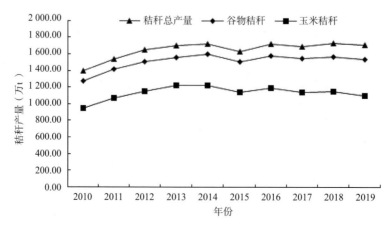

图3-1 2010—2019年山西省农作物秸秆产量

产量的比例分别为75.05%和18.81%（表3-3）。玉米秸秆在谷物秸秆中所占比例特别大，2010—2019年玉米秸秆产量在1 100万t左右，占到谷物秸秆产量的75%甚至更多，因而，秸秆资源总量和玉米秸秆的空间分布规律表现得极其相似。

农业农村部办公厅《关于做好2022年农作物秸秆综合利用工作的通知》，2022年全国秸秆综合利用率保持在86%以上，积极推进秸秆变饲料养畜，减少粮食消耗；推进生物菌剂、酶制剂、饲料加工机械等应用，加快秸秆青（黄）贮、颗粒、膨化、微贮等技术产业化，促进秸秆饲料转化增值，提升秸秆在种养循环中的纽带作用，壮大秸秆养畜产业。按照目前20%秸秆用于饲料养畜，估算山西省大约有350万t已经饲料化利用，按照"十四五"期间逐步提高10%的秸秆饲料化利用计算，还可以增加约150万t，可以增加200万个羊单位。

表3-2　2010—2019年山西省各类农作物秸秆产量及占秸秆总产量比例

年份	秸秆总产量（万t）	谷物		豆类作物		薯类作物		其他作物	
		秸秆产量（万t）	占秸秆总产量（%）	秸秆产量（万t）	占秸秆总产量（%）	秸秆产量（万t）	占秸秆总产量（%）	秸秆产量（万t）	占秸秆总产量（%）
2010	1 400.49	1 275.55	91.08	94.11	6.72	39.09	2.79	55.01	3.93
2011	1 542.11	1 412.07	91.57	99.74	6.47	45.12	2.93	54.62	3.54
2012	1 648.29	1 508.76	91.54	106.22	6.44	46.77	2.84	59.45	3.61
2013	1 701.05	1 564.72	91.99	100.65	5.92	52.27	3.07	48.39	2.84
2014	1 726.63	1 596.22	92.45	94.82	5.49	55.91	3.24	38.91	2.25
2015	1 627.50	1 513.71	93.01	80.29	4.93	51.73	3.18	28.56	1.75
2016	1 720.80	1 578.87	91.75	102.40	5.95	67.78	3.94	34.61	2.01
2017	1 693.22	1 546.02	91.31	106.36	6.28	74.77	4.42	31.59	1.87
2018	1 731.87	1 566.44	90.45	114.59	6.62	82.50	4.76	32.09	1.85
2019	1 717.62	1 542.75	89.82	125.67	7.32	97.27	5.66	28.40	1.65

表3-3　2010—2019年山西省小麦、玉米秸秆产量及占秸秆总产量比例

年份	秸秆总产量（万t）	谷物秸秆产量（万t）	小麦			玉米		
			秸秆产量（万t）	占秸秆总产量（%）	占谷物秸秆产量（%）	秸秆产量（万t）	占秸秆总产量（%）	占谷物秸秆产量（%）
2010	1 400.49	1 275.55	94.11	19.51	21.42	39.09	67.62	74.25
2011	1 542.11	1 412.07	99.74	18.01	19.67	45.12	69.39	75.78

年份	秸秆 总产量 （万t）	谷物 秸秆产量 （万t）	小麦			玉米		
			秸秆 产量 （万t）	占秸秆总 产量 （%）	占谷物秸 产量 （%）	秸秆 产量 （万t）	占秸秆 总产量 （%）	占谷物秸秆 产量 （%）
2012	1 648.29	1 508.76	106.22	17.84	19.49	46.77	69.59	76.02
2013	1 701.05	1 564.72	100.65	15.10	16.42	52.27	72.18	78.47
2014	1 726.63	1 596.22	94.82	16.40	17.74	55.91	70.84	76.63
2015	1 627.50	1 513.71	80.29	17.93	19.27	51.73	70.07	75.34
2016	1 720.80	1 578.87	102.40	16.78	18.29	67.78	69.21	75.43
2017	1 693.22	1 546.02	106.36	17.29	18.94	74.77	67.57	74.00
2018	1 731.87	1 566.44	114.59	16.63	18.39	82.50	66.32	73.32
2019	1 717.62	1 542.75	125.67	16.59	18.48	97.27	63.99	71.24

山西省各地区农作物田间秸秆空间分布呈现出的不均衡性，是与当地区域气候、种植制度、人口、地理条件和经济发展水平有密切关系的。盆地地区地势平坦，水源较充足，人口集中，便于耕作，因而成为秸秆的高产区；相反，山地地区则地势崎岖，地块较小，人口分散，农业水平较低，秸秆资源量少。晋南地区秸秆构成结构相对特殊，其位于山西省南部，热量资源丰富，生长期长，满足一年两熟的生产条件，秸秆总量是夏玉米和冬小麦秸秆量的总和，因而，此地区无论是玉米秸秆、小麦秸秆，还是秸秆总量都较为丰富。单位播种面积秸秆产量可以反映一个地区农作物秸秆的产出能力，是判别规模化秸秆产业布局的重要因素，山西省单位播种面积作物秸秆产量的空间差异是受到经济水平、秸秆产量和播种面积的共同作用形成的。各地区农作物田间秸秆量、玉米秸秆量、小麦秸秆量及单位播种面积空间分布均表现出不均衡性，且不均衡性随着时间变化表现得越来越明显，全省秸秆资源量及玉米秸秆量的空间分布规律具有相似性，高产地区集中分布在地势平坦、水源充足的盆地或水浇地地区，而东西两侧山区秸秆量较少，小麦秸秆量空间分布表现为自南向北逐渐减少的规律，各县（市）单位播种面积作物秸秆产量表现为自东南向西北递减的趋势。

二、山西饲草效益分析

近年来，为充分利用耕地资源，增加种植户经济效益，山西省着力推进饲草产业现代化步伐，并积极推进从奶牛大县到养羊大县的粮改饲，不但推进龙头企业发展，更注重家庭牧场的建设生产。农区种草的经济成效显著，不但不减少粮食作物、经济作物的总产量，还可以通过促进畜牧业蓬勃发展而取得额外的收益。由于饲草生产属于营养体生产的范畴，生产物质含量比籽实多3~5倍。因此与传统农业生产相比，饲草种植在产量以及蛋白质、能量等营养物质方面具有明显的优势，综合效益明显高于传统农业。

（一）经济效益与社会效益

目前，我国每年需要进口大量的饲料粮（如玉米和豆粕等）以补充农区家畜饲料及营养的不足，对饲草的进口也连年增加（如紫花苜蓿、饲用燕麦）。以农区种草生产的饲草不但可以有效补充农区、牧区的饲草缺口，而且可以代替饲料粮和饲草进口，将必然产生巨大的经济效益。同时，人工种植饲草相比种植粮食作物等需要的成本投入更低，也从另一方面提高了经济效益。根据2020年抽样调查，青贮玉米产量平均为57.0 t/hm²，销售价格500元/t，毛收入28 500元/hm²，除去成本后种植青贮玉米纯利润约为6 000元/hm²；燕麦草干草单产4 950 kg/hm²，毛收入12 375元/hm²，除去成本纯收入4 020元/hm²。

提高优质饲草的生产力不仅是以饲草为经济主体，更大的作用在于推动养殖畜牧业的生产和发展，不但可保证本区养殖业所需饲草料的足够供应，而且饲草料的营养比饲料粮更丰富，因而有可能生产更优质的动物产品。因此，农区养殖业结构更加合理，畜牧业规模可以适当扩大，从而增加农户养殖业方面的经济收入。肉羊育肥方式采用"谷物+秸秆"，例如25 kg重的肉羊（600元/只）进行育肥，养殖到65 kg出售，生长速度以6 kg/月计，大饲养约200 d；每天每只粗饲料/秸秆按照1.125 kg，粗饲料按照0.6元/kg计算，共需要135元；每天每只精饲料/谷粒按照0.45 kg，精饲料按照2.8元/kg计算，共需要252元。育肥至65 kg总共饲料费用387元/只，按照22元/kg出售，可以销售1 430元/只，减去费用987元/只，羊育肥利润443元/只。而实行优质牧草饲喂肉羊育肥，6月龄出栏肉羊可多增重2.5 kg，脂肪含量明显下降，多增收60~120元/只；实行优质牧草饲喂肉牛育肥，平均日增重提高60 g，育肥期180 d，头均多增重10.8 kg，以市价28元/kg计算，将直接增收产值302.4元/头，经济效益显著。

山西省朔州市作为全国唯一整市推进草牧业发展试验试点市，已经形成了青贮玉米种植、收获加工服务、牛羊养殖企业贮用的较为完整的产业链条。从肉牛养殖效益来看，玉米全株青贮饲喂方式与传统玉米籽粒和秸秆分开饲喂方式相比，饲料成本可降低950元/头，折算到牛肉的成本会减少3 150元/t。在奶牛养殖上应用全株青贮玉米饲喂，每吨牛奶饲料成本能降低300元，2015年朔州150个奶牛场的10万头奶牛使用优质全株青贮玉米，加之进口苜蓿、燕麦草配合使用，营养结构改善，每头奶牛日产鲜奶量超过了25 kg，日均增产鲜奶3 kg，奶质明显提高。

（二）生态效益

饲草种植不仅促进草牧业发展，还可起到涵养水源，减少干旱，防风固沙，调节区域气候，改善农业生态环境，促进农牧业生产的协调发展，实现生态与经济的良性循环。牧草能有效地防止土地荒漠化，控制水土流失，种草的坡地在大雨的状态下可减少地面径流47%，减少冲刷量77%，保水能力比农田高数倍，若林地与草地相结合，则总体生态效益会更佳。种植优良牧草不仅可以有效改善土壤的理化性质，提高土地生产力，而且牧草种植的发展，必将带动畜牧业的发展，而畜牧业的发展，又可为种植业提供大量的有机肥，使农业生产迈向"草多—畜多—粪多—粮多"的良性发展道路。牧草能有效地利用水、热等自然资源。由于牧草的耗水系数远低于其他所有作物，其生育全程的需水量与降水季节也能较好地吻合，故可使干旱地区有限而又宝贵的降水资源最大量地转化为系统生产力。譬如苜蓿，即使一次小于5 mm的无效降水也能被很好地利用。对于光合效率来说，由于一般牧草的生长期要比农作物长70 d/a左右，光合作用的时间与效率也随之提高。

综上所述，通过充分合理建设饲草生产体系、利用饲草资源，可减少资源的大量浪费，显著提高利用效率。发挥劣势草种和优势牧草在家畜生产中的补偿效应，且牧草及秸秆的有效利用既有利于净化生态环境，又有效扩大了家畜生产所必需的草料资源，变废为宝。

第三节　饲草产业体系分析

一、山西饲草生产体系分析

2015年起，山西省扶持、促进饲草种植加工企业联合，实现机械、技术、市场等要素共享，激发饲草企业活力，以促进饲草产业的快速健康发展。特别强调北部与南部相结合，即雁门关饲草生产加工龙头企业积极向农业生产条件好的山西省南部发展，在全省布局规划饲草产业，利用晋南地区良好的农业生产条件，大力发展饲草产业，为在山西南部发展优质饲草奠定了良好的基础。强化创新驱动，加快示范推广新技术新模式，构建了农业科技创新联盟和农业产业技术联盟，2016年以来共投入资金834万元，设立重点研发计划23项，示范集成推广地膜覆盖、秸秆还田、配方施肥、集雨保墒、机械配套、"草—畜—田"种养一体化等新技术70多项，开展了饲草产业相关关键技术研究、推广、示范以及相关标准制定，促进了饲草产业的快速健康发展。种植与收贮相结合，饲草种植企业与收贮企业密切合作，饲草种植企业负责种植优质饲草，饲草成熟后由收贮企业负责进行收贮、销售，减少了饲草种植企业大型收贮机械的投入，大幅降低了企业资金投入和运行成本，开拓市场，满足市场需要，提供优质青贮与黄贮饲草。

"十四五"期间为了适应草食畜牧业发展需求，山西省因地制宜挖掘生产潜力，统筹各类饲草资源，集成推广配套发展模式，加快建立饲草生产、加工、流通体系，促进饲草产业与草食畜牧业协同发展。在雁门关农牧交错带积极发展人工种草，推行种养结合、就近利用模式，优先满足区域内草食畜饲草需求，饲草品种重点发展苜蓿、青贮玉米、饲用燕麦等优质饲草，打造一批优质苜蓿、青贮玉米和饲用燕麦干草生产基地。在晋中市、吕梁市肉牛种养结合和商品化生产均衡发展，饲草品种重点发展饲用小黑麦、青贮玉米、饲用高粱等，打造一批饲用小黑麦和青贮玉米生产基地。在南部地区以商品草销售为主，饲草品种重点发展青贮玉米、饲用大豆等，积极推广麦后复播饲草，加快发展裹包青贮玉米生产，提升区域内饲草生产社会化服务水平，打造面向华南、华中、西南的商品草生产销售基地。在东南部地区以提高秸秆饲料化利用率为主，兼顾发展青贮玉米和优质苜蓿种植。饲草品种重点发展青贮玉米、优质苜蓿等品种，打造适合本地肉羊发展需求的秸秆饲草料基地。

挖掘利用省内优良饲草种质资源，推进区域试验、生产性试验等育种工作，加快培育、引进、改良一批适应性强、产量高、饲用价值优、抗逆性好、抗病性强、耐盐碱的苜蓿、饲用小黑麦、饲用大豆、饲用高粱等饲草优良品种。聚焦主导品种，加快良种繁育，建设饲用小黑麦、饲用大豆、饲用燕麦等饲草良种繁育基地，建设青贮玉米新品种展示示范基地，提升全省饲草供种能力和种子质量。

二、山西饲草加工体系分析

引导饲草龙头企业向优势产区集中，加大资金、技术、人才等要素投入，加速企业集群集聚。推动饲草种植、收割、加工、储存、运输、销售全产业链一体化运营，培育一批带动能力强、科技实力强、机械化水平强、创新意识强的链主式饲草龙头企业，积极发挥山西省牧草产业技术创新战略联盟作用，形成稳定的饲草产业联合体。

积极发展种草养畜合作社和家庭牧场，加大良种供应、机械购置、基础设施配套、技术服务等方面扶持力度，引导草畜一体化发展。完善饲草专业化社会化服务体系，围绕饲草种植、收获、加工等关键环节提供专业化服务，建立与区域饲草生产规模相匹配的生产性服务联结机制，提升饲草"种、收、加、储、运"能力。

加快引进、配套先进的饲草种植、灌溉、收获、加工和贮运等机械设备，实现饲草生产加工全程机械化，切实提升饲草加工能力和水平，力争全省饲草年加工能力达到1 500万t，生产加工全程机械化率达80%以上。在完善雁门关区域饲草加工收储基地建设的同时，在山西省中南部布局建设20个饲草加工收储基地，提升区域内商品草收储、流通、配送能力，夯实中南部饲草产业集群建设基础。到2025年，全省饲草收储能力达到1 200万t。

大力支持便于商品化流通的饲草产品生产加工，提升高密度苜蓿、燕麦干草捆、饲用小黑麦干草和窖贮青贮生产水平，积极发展裹包青贮、袋贮、草块、草颗粒等产品种类。建设一个商业化、高效化、快速化的服务全省、面向全国的饲草产品质量检测平台，提升山西省饲草产品质量快速检测能力，全面提升产业现代化水平。鼓励饲草企业开展产品品牌化建设，形成一批供应稳定、品质优越、产品多样的饲草品牌，塑造山西饲草良好形象。建设完善山西饲草交易平台，吸纳饲草龙头企业、专业合作社、种植户、草食畜养殖场（户）、农资供应商以及饲草产品收购、加工、运输和经销商等上中下游主体，促进饲草产业产销对接、种养主体对接，实现优质饲草产加销信息互联互通。

三、饲草储备及配送体系

饲草供给与配送体系是以饲草储备库为核心基础、以饲草配送为纽带的集饲草种植、加工、储存和配送于一体的服务体系。国务院办公厅2020年印发《关于促进畜牧业高质量发展的意见》提到，需健全饲草料供应体系，推进饲草料专业化生产，加强饲草料加工、流通、配送体系建设。

饲草储备对畜牧业的发展至关重要，是畜牧业抵抗灾害常规保障。世界上畜牧业发达的国家在饲草储备上已经具备先进技术和管理体制，抵御灾害能力十分强大。但山西省草资源分布不均，生产力差异较大，季节性短缺严重，这种特点决定了在畜牧业生产过程中必须进行一定的饲草储备，以解决供求矛盾，因此，建立饲草战略储备并在必要时期供应满足生产资料平衡问题是解决饲草资源与生产时期不匹配的重要手段。依托地域优势，建立跨地区的防灾减灾饲草料储备库，将农区饲草进行储备，建立稳定的饲草生产、加工储备站点，一旦灾情发生可及时调配饲草料到缺草的牧区，缩短饲草调运半径，减轻调运难度，达到缓解或解决急迫饲草缺口的目的。

目前山西省尚无国家及省部级的饲草储备库与储备运作机制，饲草储备多以饲草收贮企业或中小型农户、牧户完成，缺少政府协调的高运作效率和对饲草料市场的调控指导。因此，建立饲草储备库，明确职能、强化组织运作，按照规模适度、布局合理、高效灵活、便于调控的要求，才可达到调配及时、符合战略的大目标。

在政策上，要健全饲草储备法律制度体系，逐步建立科学、完备、合理的饲草储备法律制度体系。在规范饲草市场秩序方面，可借鉴国际经验，保障市场公平合理竞争。以满足需求为目标，以省部政策为导向，以拥有一定实力的大型饲草加工、生产企业为基础，联合下游产业的相关企业，建立饲草加工配送中心。合理布局机械配置、储备选址、原料供应和配送形式，市场化运作、产业化经营，开展饲草储备、配送体系工作。

在设施上，要建立大型抗灾饲草应急储备库。由于总体储存规模不够大，且仓储的技术水平比较落后，山西省总体仓储能力尚不能满足需求，应根据不同地区、不同气候条件建立适合当地的饲草储备库，完善储备设施，保障饲草料储备水平显著提高，防止牧草在储藏期间营养流失。同时完善饲草产品物流设施，满足抗灾时的快速转运。

在体系上，要发挥技术优势，规范饲草产品储备体系。根据抗灾饲草储备期间的营养物质劣变机理和规律，健全饲草储备库环境参数，填补国内领域空白，制定抗灾饲草储备技术标准，提高品质检测技术，并加强对市场价格的分析研究，预测发展趋势，建立饲草储备监测体系与饲草安全储备管理体系，为政府饲草料储备决策提供依据。

目前，甘肃省、宁夏回族自治区、青海省、新疆建设兵团等均已不同程度地建立了饲草供给、配送体系和运转机制。2021年山西省明确了有效的饲草配送体系是防御或降低畜牧业灾害损失的重要保障。大型饲草储备库的建设依靠市场手段运作方式，采取国家补助、企业经营的办法，首先推动现代化牧草产品生产与加工企业的建设，应用先进饲草产品生产技术为饲草储备库提供空间与技术基础，保障饲草产品具有较好储藏应用价值的同时维持一定的仓储与运输成本。依托大型企业及龙头带动的地方企业、合作社等建设的饲草应急储备库，通过合同畜牧业、订单畜牧业，形成产销联结，培育畜产品代理商、批发商、经纪组织等，采取产销直挂、连锁经营、期货交易、电子商务等方式，拓宽流通渠道，保障畜产品的生产、储备、运输和均衡供应。政府给予资金资助与技术协助，同时保障正常年份和受灾年份的宏观价格调控，保证市场稳定；企业则负责经营管理，并根据当年饲草市场行情合理安排饲草销售计划，储备期内要保证政府储备饲草的数量，确保每年有一定数量的牧草储备，可随时用于救灾。在相关灾害发生时（如旱灾、雪灾、雹灾等），可集中调运饲草，以抗御灾害。

综上所述，集饲草种植、加工、储存和配送为一体的饲草供给与配送服务体系，可降低生产成本，提高饲草产品加工技术和产品质量，合理配置饲草资源，为地区草牧业的可持续发展提供巨大支撑。

第四章

山西饲草生产技术及实践

饲草是草食畜牧业发展的物质基础。饲草产业是现代农业的重要组成部分，山西省"十三五"期间将草业作为调整优化农业结构的重要着力点，促进草食畜牧业高质量发展的基础产业，积极实施草原生态保护补助奖励、粮改饲、振兴奶业苜蓿发展行动和雁门关农牧交错带建设项目，截至2020年，全省种植优质饲草面积达16.8万hm²，并根据山西省南北狭长、纬度气温相差较大的特点，形成了诸如"小麦+青贮玉米""小麦+饲用大豆""两茬青贮玉米+小麦""青贮玉米+饲用燕麦""青贮玉米+苜蓿""青贮玉米+饲用小黑麦"等多种生产模式，探索推广"南北互补、粮草兼顾、农牧循环"模式，增加了优质饲草供应，带动饲草产业快速发展，有力促进了草食畜牧业高效发展。

第一节　青贮玉米深松密植高产技术及实践

青贮玉米深松密植高产技术是根据山西省特殊生态地理环境，充分利用现有农机配套、化控水平等生产条件，在原垄宽度不变的基础上，采用土壤深松技术，同时集成优良品种选择、宽窄行合理密植播种、节水灌溉等措施，以达到青贮玉米增产增收的目的。

一、青贮玉米深松密植高产技术要点

青贮玉米深松密植高产技术以精选优种、土壤深松、配方施肥、密植播种、地膜零使用、节水灌溉和适时收获为核心，节水增产效果显著。深松技术包括全面深松和局部深松，全面深松是用深松犁全面松土，这种方式适用于配合农田基本建设，改造障碍土层或耕层浅的黏质土；局部深松则是用杆齿、凿形铲或铧进行松土与不松土相间隔的局部松土，即是目前推广的深松少耕法。相较全面深松，间隔深松可以创造虚实并存的耕层构造，其中虚部在降水时可使雨水迅速下渗，雨后又有利于土壤通气和好氧微生物活动，促进有机物质、矿物质的分解，增加有效养分供给；实部则保证土壤水上升，满足作物生长需要，同时因其通气性较差，通过促进嫌气分解作用增强土壤腐殖化，改善土壤理化性质。

（一）土壤深松技术要点

种植青贮玉米应选择地势平坦，土层深厚、结构良好、质地疏松、通透性好，肥力中等以上，交通方便、适宜机械化作业的土壤地块，以保证机具可以正常进入作业区。

1. 土壤深松技术的优点

深松是在不打乱原有土层结构的情况下，通过拖拉机牵引深松机具，在保持田地表面平整的情况下，能够有效松动底下土壤，打破犁底层，改善耕层结构，增强土壤蓄水保墒和抗旱排涝能力的一项耕作技术。土壤深松可以有效打破犁底层，增加耕层厚度，能改善土壤结构，使土壤疏松通气，提高耕地质量；提高土壤蓄水和保墒能力，促进农作物根系下扎，提高作物抗旱、抗倒伏能力；深松可减少化肥的挥发和流失；深松可减少旋耕次数，可以降低成本的投入（宋志启等，2021）。此外，在水土流失严重的山坡地上，沿等高方向使用间隔深松技术，能保证松土带水分的快速入渗，阻止紧实带入渗水分从耕层内向坡下移动，起到坡地保持水土的作用。

2. 土壤深松技术要点

土壤深松在犁底层坚硬的情况下，才有必要深松。一般3～5年深松一次，根据土壤类型、有机质含量及土壤疏松情况，灵活掌握深松间隔周期。深松一般在春季或秋季农作物收获后进行，也可根据土壤墒情于秸秆处理后或播种前，土壤水分适宜的条件下进行深松。

根据土壤类型、深松目的不同来确定土壤深松的深度，一般以30～50 cm的松土深度为宜，土壤深松过程中松深要一致，不得有重复或漏松现象。

土壤深松一般采用大马力拖拉机（≥210马力。注：1马力≈0.735 kW，全书同）配合深松犁进行（图4-1、图4-2），在实施土壤深松作业的地块，需要配施有机肥以及氮肥，以促进土壤微生物活动，加速土壤熟化和土壤肥力的恢复；土壤深松不能对残余的秸秆和杂草进行翻埋，需要配合旋耕整地镇压复式作业。

图4-1　凯斯210马力拖拉机

图4-2　马斯奇奥深松犁

（二）深松配合施肥技术要点

春季深松时应同时施入底肥，根据作物需肥规律、土壤供肥性能和肥料效应，采取测土配方施肥，避免盲目施肥，达到增强地力、减少污染和浪费、节省开支的目的。

1. 测土配方施肥的优点

测土配方施肥技术根据土壤性状、肥料特性、作物营养特性、肥料资源等综合因素确定肥料的种类，在合理使用肥料的情况下提高青贮玉米的产量，深松可以使表施向深施转变，提高肥料的利用效率，减少肥料的浪费，保护农业生态环境，减少污染，改善耕地养分状况，实现农业的可持续发展。深松可以有效避免肥料富集区域对农作物的伤害，减少农作物的"烧苗"现象。根据耕层土壤养分测定结果和目标产量选择施肥类型和数量，实施测土配方施肥，同等产量下可减少化肥使用量30%，玉米平均增产11.4%（童晓军等，2020）。

2. 青贮玉米密植的施肥技术

青贮玉米成株后植株高大、茎叶繁茂，需要通过合理的密植来增加单株玉米发展的空间，从而提高单位面积的产量。生产实践中，合理密植需综合考虑品种、土壤肥力、生产条件和产量水平等因素，才能保证获得高产。在选择施肥种类时，使用有机肥料能够显著增加土壤的缓冲能力。根据土壤养分选择合适制定科学的施肥方案，补充土壤中缺少的营养元素，施肥过程中注意保证肥料分布均匀。

（1）青贮玉米密植的施肥量

青贮玉米全生育期的肥料用量应根据土壤的基础肥力、肥料利用率、目标产量等综合确定。青贮玉米的氮、磷、钾肥的利用率可以以玉米为参考，因此，根据各地的土壤与气候条件、青贮玉米的需肥规律进行配方施肥（图4-3），是实现青贮玉米持续高产的关键措施。我国粮食主产区玉米的氮、磷、钾肥的利用率分别为30%~35%、15%~20%、35%~50%（朱兆良等，1998）；玉米肥料利用研究结果表明，氮、磷、钾肥的利用率分别为25.6%~26.3%、9.7%~12.6%、28.7%~32.4%（张福锁等，2012）。说明随着肥料施用量的持续增加，肥料的利用率却在显著下降。

图4-3 测土配方施肥样品采集

结合山西各地自然条件和生产实际，参考2011—2017年农业部玉米科学施肥指导意见及相关测土配方施肥技术研究资料中提出的施肥配方（表4-1），并合理进行春季青贮玉米种植的配方施肥。山西省夏玉米播种主要分布在运城、临汾、晋城、晋中、太原、长治等地区，山西夏玉米基于目标产量和土壤养分状况的氮、磷、钾肥推荐用量见表4-2（宋志伟等，2020），可以根据此表确定夏季青贮玉米的氮、磷、钾肥用量。青贮玉米施肥高产田取适宜密度范围的上限值；中产田取适宜密度的中间值；低产田取适宜密度范围的下限值。

表4-1 北方雨养旱作春玉米施肥配方

目标产量	推荐施肥量（kg/hm²）		
（kg/hm²）	氮（N）	磷（P₂O₅）	钾（K₂O）
<6 750	120.0 ~ 157.5	60.0 ~ 75.0	30.0 ~ 37.5
6 750 ~ 9 000	172.5 ~ 195.0	90.0 ~ 97.5	37.5 ~ 45.0
9 000 ~ 10 500	195.0 ~ 217.5	97.5 ~ 105.0	45.0 ~ 52.5
≥10 500	217.5 ~ 232.5	105.0 ~ 120.0	49.5 ~ 55.5

表4-2 山西夏玉米氮、磷、钾肥推荐用量

配方区	配方亚区	土壤养分状况			产量（kg/亩）		推荐用量（kg/亩）					
		有机质（g/kg）	速效磷（mg/kg）	速效钾（mg/kg）	前3年平均产量	目标产量	氮（N）		磷（P₂O₅）		钾（K₂O）	
							基肥	种肥	追肥	基肥	种肥	基肥
晋中区	平川水地高产	>9	7.0	>150	500	500 ~ 600	7 ~ 8.5		4 ~ 5	5 ~ 7		6 ~ 10
	平川水地中产	7 ~ 9	5.0	<150	300 ~ 450	400 ~ 500	6 ~ 7		3 ~ 4.5	5 ~ 7		3 ~ 6
	丘陵旱塬	6 ~ 8	3 ~ 7	150	300	350 ~ 450	8 ~ 9			4 ~ 5	1	
晋东南区	平川水地高产	>17	8 ~ 20	>200	400	450 ~ 500	7 ~ 9		4 ~ 5	6 ~ 7.5		3 ~ 5
	平川水地中产	13 ~ 17	6 ~ 15	150 ~ 200	300	350 ~ 450	6 ~ 8		3 ~ 5	5 ~ 7		3
	旱塬梯田	13 ~ 20	4 ~ 13	<150	200	250 ~ 350	7 ~ 9		4 ~ 6			

（续表）

配方区	配方亚区	土壤养分状况			产量（kg/亩）		推荐用量（kg/亩）					
		有机质（g/kg）	速效磷（mg/kg）	速效钾（mg/kg）	前3年平均产量	目标产量	氮（N）		磷（P$_2$O$_5$）		钾（K$_2$O）	
							基肥	种肥	追肥	基肥	种肥	基肥
晋南区	平川水地	>10	5~10	>120	400~500	450~600	1		10~14		2	4~10
	水地	10	3~5	<120	200~350	350~400	1		7~8.5		2	4~8
	旱塬	10	5	120	200~250	250~350	1		5~7		2	

（2）施肥方法

春季播种青贮玉米的生长期长，植株高大，对土壤养分的消耗较多，对养分的需求量大。因此，在大多数春季播种青贮玉米种植区，均需要通过测土配方施肥提供其正常生长发育所需要的养分。

青贮玉米播种前施用的肥料为基肥，基肥可以培肥地力、改良土壤，保证青贮玉米的正常生长发育，为青贮玉米的整个生育期源源不断地供给养分。基肥应以有机肥为主、化肥为辅。基肥的施用应根据基肥的数量、种类和播期的不同灵活掌握，基肥充足时可撒施后翻耕入土，使其与土壤均匀混合，如基肥不充足，也可沟施或穴施。没有灌溉条件的地区，为了蓄墒保墒，可在冬前将有机肥匀撒翻到地下，一般每亩施有机肥3 000~5 000 kg、复合肥25~30 kg（陶雅，2021）；有灌溉条件的地区既可以冬前施入，也可以在春耕时施入，一般每亩施1 500~3 000 kg，推荐15-20-10（N-P$_2$O$_5$-K$_2$O）或相近配方。

青贮玉米最好结合播种深施种肥，对土壤养分含量贫乏、基肥用量少或无基肥施用的地块，更需要施用种肥，一般肥料施在种子下方5 cm左右的位置，一定要做到种、肥隔离，避免烧坏种子。种肥分为侧位深施和正位深施（表4-3）。施肥过程中要注意在播种的同时将化肥一次施入土壤中，要根据肥料品种、施用量等决定种与肥的距离，防止种、肥距离过近造成烧种、烧苗。

表4-3　青贮玉米种肥施肥的形式

施肥形式	施肥要求
侧位深施	种肥施于种子的侧下方，施深一般在5.5 cm，肥带宽度宜在3 cm以上，肥条均匀连续，无明显断条和漏施。
正位深施	种肥施于种床正下方，肥层同种子之间土壤隔离层在3 cm以上，并要种、肥深浅一致，肥条均匀连续，肥带宽度略大于播种宽度。

青贮玉米作为一种需肥量较大且吸收比较集中的作物，单靠基肥和种肥远远不能满足它整个生育期的需要。在土壤肥力一般，施用种肥的基础上，需要在拔节期和大喇叭口期采用高地隙中耕施肥机具进行中耕追肥机械化作业，一次性完成开沟、施肥、培土、镇压

等工序。追肥机具应选择具有良好行间通过性能的，伤苗率<3%，追肥深度6～10 cm，作业过程好，无明显伤根，追肥位置在植株行侧10～20 cm，肥带宽度>3 cm，无明显断条，施肥后覆土严密的作业机具（图4-4）。

图4-4　青贮玉米深施追肥

（三）青贮玉米密植品种选择

根据生产地区的气候等特点，青贮玉米品种应根据生育期长短、是否审定、种子质量及高产优质等特性进行选择（表4-4）。青贮玉米种子播种到土壤中，能否出苗，出齐苗、出壮苗，一方面取决于气候条件和土壤状况，更主要的是取决于种子本身的生活能力和发芽力。不同品种的株高、叶片数、叶向值差异较大，一般叶片直立的紧凑型品种、抗倒伏品种、生育期短的品种、小穗型品种和矮秆品种适宜密植。因此，购买种子时要根据各地的病虫害发生情况，选择成熟度好、粒大饱满、发芽率高、生活力强、采用人工或机械用种衣剂包衣或进行药剂拌种的种子。

表4-4　青贮玉米品种选择原则

品种选择原则	品种选择依据
生育期合适	依据当地生产条件、无霜期天数和有效积温等选用适宜熟期品种，尽量避免因光热资源浪费和成熟度不足等情况的发生。
通过审定	尽量选择通过国家或省审定的优质高产抗逆的耐密品种，发挥其最大的生产潜力。尤其是水肥条件差的地区应选用抗性好、耐土壤瘠薄的品种。
种子质量	根据国家大田用种的种子标准（纯度≥96%，发芽率≥85%，净度≥99%，水分≤13%），青贮玉米种子一定要选用专业生产部门培育和销售的种子。
高产优质	选择生长旺盛、分蘖力强、叶大、叶多果穗大且多、粗纤维含量少、适口性好、消化率高的青贮玉米品种。

青贮玉米种植品种选择，应着重考虑产量、青贮后饲料的淀粉含量、干物质和中性洗涤纤维的可消化性等指标，青贮玉米品种间存在显著的差异。山西省种植的青贮玉米品种较多（表4-5）。雁门关地区常见青贮玉米品种的产量及营养成分见表4-6。

表4-5 山西省各市种植的玉米品种

地市	种植品种
大同市	晋单32、早单4号、长城706、长城799、张玉1号、同单36、晋单24、强盛49、永玉3号、先玉335
朔州市	先玉335、大丰26、永玉3号、长城799、强盛40、强盛16、品玉3号、大丰5号、晋单32、晋单24、冀承单3、烟单14、内早6号
忻州市	长城799、大丰5号、潞玉6号、晋玉811、秦龙9号、先玉335、大丰26、沈单16、四单19、忻黄78、品玉8号、哲37号、哲单36号、哲单7号、并单6号、晋单62、晋单52、强盛16
太原市	先玉335、大丰26、永玉3号、晋玉811、先玉508、迪卡9号
吕梁市	晋玉811、农大84、大丰2号、大丰5号、三北6号、屯玉42、屯玉50、郑单958、农华101、晋单54、先玉335
阳泉市	先玉335、大丰26、中金368、东单80、郑单958、农大3138、长城799
长治市	先玉335、32D22、晋单48、晋玉811、农大364、大丰2号、大丰5号、大丰8号、大丰26、潞玉6号、农大369、中金368、太单30、安森7号、农大3138、吉单137、强盛49、郑单958、中科11、富友9号、长玉48、屯玉50
晋中市	农大84、农大108、晋玉811、先玉335、沈单16、富友9号、屯玉68、安森7号、明玉2号、大丰26、福盛园52、迪卡9号
晋城市	大丰2、沈单10、沈单16、农大84、农大3138
临汾市	先玉335、农大84、郑单958、永玉3、强盛31
运城市	郑单958、浚单18、晋单52、晋单56、晋单63、晋单64、华科1号、浚单20、浚单26、中科11、晋单51、潞鑫2

表4-6 雁门关地区不同品种全株玉米青贮饲料产量及干物质和中性洗涤纤维降解率比较

玉米品种	鲜草产量（t/亩）	中性洗涤纤维（g/kg DM）	酸性洗涤纤维（g/kg DM）	淀粉（g/kg DM）	干物质降解率（%）	中性洗涤纤维降解率（%）
承玉309	3.4	521	264	242	54	51
华美玉336	2.4	514	260	275	56	44
利禾1	2.7	535	218	242	51	49
隆平207	3.1	488	219	294	49	45
强盛103	3.6	480	272	298	53	49
太育1	3.4	440	216	310	50	52
中地103	2.7	515	282	258	50	52
中地88	2.8	474	238	284	44	42

（四）青贮玉米密植播种技术要点

播种是保证青贮玉米苗齐、苗全、苗壮，关系到是否增产增收的重要环节，使用机械化精密播种可以精确控制播种量、播种深度和株距。水分条件好、有灌溉条件的区域适宜密植。

青贮玉米的播种期主要根据当地的气候条件、栽培制度、品种特性等因素综合考虑来确定。山西省大部分地区春季干旱，土壤水分不足，影响青贮玉米的适时播种，因此，在生产上需要结合其他抗旱耕作措施，适时早播。一般当5~10 cm土壤耕层的地温连续3日稳定在8~10℃、土壤含水量在20%左右时进行抢墒播种，最佳播种期为4月中下旬。

播种采用气息式精量播种机（图4-5）进行播种作业，影响青贮玉米播种量的因素有播种机性能、种子大小、种子活力、种植密度、播种方法以及整地的质量等。精密播种机作业应符合单粒率≥85%，空穴率≤5%，碎种率≤1.5%的标准，目前机械播种的播种量为30~37.5 kg/hm²。播种深度为镇压后种子到地表的距离为5~10 cm。

播种方式采用等行距或宽窄行种植（图4-6），等行距一般为60 cm，宽窄行一般为宽行80 cm、窄行40 cm。一般高产田多采用宽窄行进行播种，采用宽窄行进行播种，可以改善植株生长后期通风透光条件，并能充分发挥边行效应，延长保绿期，有利高产。为了保证播后种子与土壤的紧实接触，减少水分的流失，播种后要适时镇压。

图4-5　马斯奇奥气力式精密播种机　　图4-6　青贮玉米宽窄行种植

（五）青贮玉米密植田间管理技术要点

科学的田间管理是提高青贮玉米质量和产量的关键，青贮玉米与粮用玉米的田间管理方法相似，均需要进行除草、中耕、灌溉、病虫害防治等。

1. 杂草防治

因青贮玉米行距较大，苗期最易受到杂草的危害，会导致植株细弱、矮小，致使后期生长不良、空秆率高，严重时导致幼苗萎蔫甚至死亡。青贮玉米生长中后期，由于田间郁闭作用，杂草的发生与生长受到抑制，对产量的影响不大，因此，苗期是进行玉米杂草防治的关键时期。

（1）苗前封闭

在青贮玉米播种后尚未出苗前，喷施封闭性除草剂（图4-7），如乙阿合剂、乙草胺、都阿合剂、莠去津、2,4-D异辛酯等，主要用于防治一年生禾草和阔叶杂草。

在土壤墒情较好，之前未用过或施用除草剂时间历时较短，田间主要杂草为马唐、狗尾草、藜、反枝苋等的地块，可以用乙草胺+莠去津、丁草胺+莠去津、异丙甲草胺+莠去津等复配除草剂进行苗期封闭。

土壤墒情较差的地区，施药时尽可能加大水量，使药剂能喷淋到土表。可选用乙草胺+莠去津、异丙草胺+莠去津、异丙甲草胺+莠去津、绿麦隆+乙草胺+莠去津等复配除草剂进行苗期封闭。

图4-7　土壤封闭除草

（2）3～5叶期除草

当青贮玉米3～5叶期时，如果杂草不能及时防除，将直接影响青贮玉米的生长及产量；如果青贮玉米5叶期以后施药则容易发生药害。对于长期施用乙草胺+莠去津等封闭型除草剂的青贮玉米田，在3～5叶期的青贮玉米田，香附子、谷莠子大量发生时，可选用烟嘧磺隆或砜嘧磺隆等进行苗后茎叶喷施。

（3）6～8叶期除草

对于前期墒情较差、未进行化学除草、田间杂草较少的地块，可以在6～8叶期喷施兼有除草和封闭效果的除草剂，如选择无风天气，使用烟嘧磺隆+莠去津定向喷施。需注意不能将药液喷施到青贮玉米喇叭口内。

（4）8叶期后除草

在青贮玉米生长中期，对于前期未进行化学除草或施药效果较差，未能控制杂草危害的地块，可以在青贮玉米8叶期后，即茎基部老化后，选择无风天气，用百草枯兑水定向进行喷施，需注意避免将药剂喷施到青贮玉米茎叶上。

2. 中耕追肥

在青贮玉米的拔节期或大喇叭口期采用高地隙中耕施肥，可以疏松土壤、有利于根系发育，同时也可以去除田间杂草，并使土壤能够更多地接纳雨水。机具在80 cm宽行带实施30～40 cm深松追肥，一次性完成开沟、施肥、覆土和镇压等作业，根据土壤肥力、肥料养分含量和产量水平等情况来确定中耕追肥的施肥量。中耕追肥作业机具应具有良好的行间通过性，无明显伤根，伤苗率小于3%，追肥深度为5～10 cm，追肥部位在植株行侧10～20 cm，肥带宽度3～5 cm，无明显断条，施肥后覆土严密（翟桂玉，2020）。

3. 节水灌溉

青贮玉米是需水较多的作物，但苗期植株对水分的需求量不大，需水量占整个生育期需水量的15%。苗期适度的干旱可以促进根系发育，有利于蹲苗。因此，播种后的青贮玉米在拔节期一般不浇水，而在拔节期至大喇叭口期需水量增加，应适当浇水。大喇叭口期至灌浆高峰期是需水量最多的时期，尤其是吐丝前后的水分敏感期，一定要及时灌溉。灌浆后期到成熟期，虽然需水量小，但是受到干旱的胁迫时也应适当补水。

4. 病虫害防治

青贮玉米病害呈多发性，并且在不同的生育期、不同的生长部位均可发病，如主要发生在苗期的苗枯病、矮花叶病、粗缩病等，叶片病害主要是大小斑病、灰斑病、褐斑病、锈病等，茎秆病害主要是纹枯病、茎腐病等，穗部病害主要是丝黑穗病、穗腐病、瘤黑粉病等。针对不同病害的发病特点，选择抗病、耐病性品种，选择适宜的种衣剂、杀虫剂或杀菌剂进行包衣、拌种处理的种子；加强水肥管理、合理促控，提高植株抗病能力；合理轮作，收获后清除田间发病植株，烧毁或深埋，减少病原；对于受害虫迁移影响较大的病害，如细菌性茎腐病、矮花叶病、粗缩病等，应适当调整播期，使玉米病期避开害虫高发期。

我国青贮玉米生产中发生频率高、危害严重的重要虫害有30多种，其中苗期虫害有蛴螬、蝼蛄、地老虎、金针虫、灰飞虱、蓟马等，成长期虫害有玉米螟、蚜虫、棉铃虫等。虫害防治要注意控防结合，在加强虫情预测的基础上，及时进行防治。选择抗虫品种，种衣剂包衣选择含有杀虫成分的种衣剂进行种子包衣，可以有效防治玉米苗期地下害虫；合理安排茬口、实行倒茬轮作；冬耕冬灌、精耕细作，铲除地头杂草，消灭越冬虫卵或蛹；施用腐熟有机肥，尽量减少越冬虫卵存活数量；利用成虫的趋光特性用黑光灯诱杀玉米螟、玉米叶夜蛾、小地老虎、蛴螬、斑须蝽、蝼蛄、大青叶蝉等害虫的成虫，利用某些害虫的趋向性采用毒饵诱杀剂、糖醋诱杀剂可进行诱杀；利用天敌进行生物防治，既能防治害虫，还能保护生态环境，是一种绿色的防治措施。

（六）青贮玉米适时收获

优质的青贮原料是调制优良青贮饲料的物质基础，因此在生产实际中，要考虑品种差异、气候差异对收割期的影响，因地制宜，适时收割，保证青贮饲料的产量和品质。

1. 收获时期

青贮玉米不同生育时期的营养有所不同（表4-7），青贮玉米的最适收割期为乳熟后期至蜡熟前期，植株含水量65%～70%，籽粒乳线在1/2时为适宜收获期，此时收获可获得产量和营养价值的最佳值。如果收获期过晚，青贮玉米的粗纤维含量会增加，降低适口性；如果全株的含水量太高（>70%），汁液的流失会造成养分的损失，导致青贮玉米的酸度增加，同时还会降低玉米的产量；如果水分含量太低（<60%），青贮玉米不易压实，由于空气含量高而常引起褐变；另外，由于水分含量低，乙酸菌繁殖慢，酸度低，杂菌生长快，易引起发霉变质（陈晓等，2020）。

表4-7 青贮玉米不同收获期的营养含量及消化率（%）

收获期	干物质	蛋白质		粗脂肪		粗纤维		无氮浸出物	
		含量	消化率	含量	消化率	含量	消化率	含量	消化率
抽穗期	15.9	1.6	69	0.3	69	4.2	64	7.8	15.0
乳熟期	19.9	1.6	59	0.5	73	5.1	62	11.6	19.9
蜡熟期	26.9	2.1	59	0.7	79	6.2	62	11.6	26.9
完熟期	37.7	3.0	58	1.0	78	7.8	62	24.2	37.2

2. 收获方法

青贮玉米收获时应避开雨天收获，以免因雨水过多而影响青贮饲料品质。青贮玉米一旦收割，应在尽量短的时间内调制青贮，不可拖延时间过长，避免因降雨或本身发酵而造成损失。收获合理的留茬高度为15～20 cm，留茬过低易将泥土带入，造成腐败，且纤维含量过高，降低奶牛采食量；留茬过高会降低产量，影响经济效益（图4-8）。全株玉米收割时最好采用克拉斯等具有籽粒破碎功能的大型收割机收割，切割长度2 cm，必须保证玉米籽粒破碎。要求切割后1 L青贮中完整度为50%的玉米粒不超过5粒。否则，牛无法消化完整的玉米粒，随粪排出，失去全株玉米青贮价值。可使用宾州筛筛分，适宜比例为：上层（19 mm）10%～15%；中上层（8 mm）45%～65%；中下层（4 mm）20%～30%；底层<10%。

根据青贮玉米的种植方式、农艺特点以及收获效率的需求，选择种类、性能和型号适宜的青贮玉米收获机械。一般青贮玉米种植面积在1 000 hm²以上，可选择以自走式为主的机型，再按自走与牵引比例配备一定数量的牵引机（图4-9）。

图4-8　收割留茬高度（15~20 cm）　　　　　图4-9　青贮玉米的收获

二、青贮玉米深松密植高产技术实践及效果

1. 实践区域

山西省晋中市寿阳县经过对万亩青贮玉米全程机械化整地、无地膜覆盖种植、测土施肥、大型高地隙植保机防护等技术，形成了一套完整的"农艺+农资+农业机械服务"。寿阳县嘉禾农业科技有限公司长期以有机旱作农业和玉米栽培为主业，公司引进、消化和吸收了国内外先进的玉米种植技术，应用意大利马斯奇奥6-9精密播种机和深松机、美国凯斯210马力拖拉机和4088型籽粒收获机等农机设备，通过3年的玉米种植实践，总结了一系列玉米增产经验和措施，实现平均产量15 000 kg/hm²以上，创造山西旱作玉米最高产。

朔州市怀仁市一间房村，秋收后或播种前利用深松机垂直深松土壤45 cm以上，选用耐密、抗逆的青贮玉米品种，采用营养型种衣剂二次包衣，进行配方施肥，同等产量下减少化肥用量30%。当10 cm耕层的土壤温度持续一周稳定在9℃以上时，采用马斯奇奥气吸式精密播种机（67 500株/hm²、75 000株/hm²、82 500株/hm²、90 000株/hm²）进行精量播种，采用大小垄种植模式（大行距80 cm，小行距40 cm），播种量每亩1.7 kg，播种深度5 cm，播种时深浅一致，覆土均匀，适度镇压，采用精量玉米分层播种机在播种的同时，将基肥（复合肥）施在下方5 cm左右。在青贮玉米6~8片叶子的展叶期，使用高地隙追肥机，追施375 kg/hm²高氮钾肥，比当地漫灌追肥节省化肥使用量30%以上，采用滴灌的方式进行浇水，后期结合青贮玉米的拔节期和大喇叭口期的追肥进行灌水。播种后未出苗前喷施封闭性除草剂异丙甲草胺+莠去津，玉米生长期使用频振式杀虫灯、性诱剂、生物农药（氟虫脲、杀螟单等）等展开绿色防控。

2. 效果和效益

山西省怀仁市春播青贮玉米为一年一收，通过深松技术种植青贮玉米产量达到45 t/hm²。春播青贮玉米在深松和未深松条件下的种植成本都由种子、化肥、农药、机械、水电以及人工等费用组成，春播青贮玉米在深松条件下种植成本为27 600元/hm²，收入35 340元/hm²，平均利润为7 740元/hm²，投入产出比为1：1.28；未深松条件下种植成本为26 220元/hm²，收入33 060元/hm²，平均利润为6 840元/hm²，投入产出比为1：1.26（表4-8），经过实践和示范形成了青贮玉米深松密植高产技术模式，提高了青贮玉米的产量和经济效益。

表4-8　春播青贮玉米在深松和未深松条件下的成本效益比较

耕作方式	投入（元/hm²）	产出（元/hm²）	纯收益（元/hm²）	投入产出比
深松	27 600	35 340	7 740	1：1.28
未深松	26 220	33 060	6 840	1：1.26

注：表中数据来源于山西省朔州怀仁市实地试验结果。

青贮玉米深松密植高产技术是将墨西哥籽粒玉米旱作高产种植技术运用到青贮玉米种植上，使用大马力拖拉机配合深松犁，深松深度大于45 cm，合理密植达到82 500～90 000株/hm²，核心试验区亩产高达93 t/hm²，大幅提高产量，青贮玉米产品干物质、淀粉含量均达到30%以上标准。结合滴灌等节水灌溉，节水达到30%以上，同时减少了地膜的使用，改善了农业生产环境，青贮玉米单产达到国内领先水平，技术示范效果突出，增产增收效果明显。

第二节　青贮玉米与饲用豆类套种技术及实践

禾本科饲草作物和豆科饲草作物间作、套作是常用的饲草作物种植方式，这种方式既增加了饲草中蛋白质饲料供给，减少精料及豆饼等使用成本，又可以使土壤肥力得到改善，生态效益和综合经济效益明显，是低成本提高青贮饲料产量和品质的一种技术。国内北方地区采用拉巴豆、秣食豆等饲用豆类与玉米、饲用甜高粱等高秆禾草间作套种，能缠绕茎秆攀缘向上生长，可与青贮玉米等同时完成播种、收割、粉碎、入窖，制作出品质高、适口性好的青贮饲料，为草食畜牧业生产提供高品质的饲草。

一、青贮玉米与豆类套种技术要点

（一）选地与整地

间作栽培对于地块没有特殊要求，青贮玉米高产和低产的地块，间作栽培后产量都有所提高。间作栽培对土壤要求不严，但选择良好的耕地可以明显地提高其产量和品质。可选择地势平坦，排水良好，土层深厚，富含有机质，肥力较高，土壤通气性良好的地块。播种要求地面平整、土壤细碎、土质疏松。

秋季应深耕疏松土壤，一般翻耕深度不少于20 cm，蓄水保墒。施足底肥，一般施腐熟农家肥30 t/hm²，复合肥375 kg/hm²；或二胺150～225 kg/hm²，硫酸钾或氯化钾75 kg/hm²，尿素75 kg/hm²。耕翻后及时耙碎，平整土地。干旱的地块最好进行秋灌。

播前精细整地，3月上旬，土壤昼化夜冻的顶凌期，要及时耙地、糖地。使耕层土壤含水量保持在田间持水量的70%以上。深浅一致，耙平整细，无大团块，耕层上虚下实，为适期早播、苗全、苗齐、苗匀、苗壮创造良好的土壤条件。

（二）播种技术

青贮玉米与豆类套种一般春播，在适期范围内尽量早播。在青贮玉米种植面积较大的地区，可在播种适期范围内分期播种，或选用早、中、晚熟品种合理搭配种植，既可以解决收获与贮藏机械及劳力的不足，又可做到适时分期收割加工。

当5～10 cm土层温度稳定在10℃左右时，土壤耕层田间持水量70%左右即可播种。部分地区为了延长玉米植株的生育期，也可使用覆膜技术提前播种。

播种量，青贮玉米37.5～60.0 kg/hm²，拉巴豆或秣食豆等豆类30 kg/hm²。适当密植，青贮玉米一般保苗67 500株/hm²，豆类保苗30 000株/hm²左右。在不改变当地青贮玉米种植要求、方式的前提下，也可按照青贮玉米与豆类下籽量（2～3）：1的比例同穴播种。

播种方法采用大小垄间作种植模式（大行距60 cm，小行距40 cm）。或条点播，行距40～50 cm，株距20～40 cm。播种深度以3～5 cm为宜。播种时深浅一致，避免覆土过深或过浅，覆土应均匀一致。土壤质地黏重，墒情好的可适当浅些（土壤相对含水量65%～70%），3～4 cm；土壤质地疏松，易于干燥的沙壤土地，可适当深些，4～6 cm。播种方式既可选择同行播种，也可选择错行播种。同行播种时可按种子重量将青贮玉米和豆类种子以（1～2）：1的比例均匀混合，播种量调整到52.5～75 kg/亩，穴距控制在20～30 cm，播种深度为5～6 cm。错行播种需要将豆类种子和青贮玉米种子放入不同的种箱，青贮玉米与豆类的比例为（1～2）：1，可以2行玉米和2行豆类，也可1行玉米+1行豆类间作播种。

播种镇压后喷施50%乙草胺除草剂2.25～3.0 L/hm²进行苗前封闭，或72%的异丙甲草胺3.3 L/hm²，或20%的硝磺草酮0.6 L/hm²，或90%的锈去津1.35 kg/hm²封闭。

（三）田间管理技术

播种后及时检查苗情，凡是漏播的，在其刚出苗时就要立即催芽补苗或移苗补栽，力争全苗。为合理密植提高产量，结合第一次中耕除草进行间苗和定苗，间苗主要针对青贮玉米，豆类可不间苗。间苗在玉米长至3～4叶期时进行，间去过密的弱苗，每穴留2株大苗、壮苗，将玉米的密度控制在67 500～75 000株/hm²，以防影响豆类的采光或引起玉米倒伏。定苗在5～6片真叶时进行，每穴留1株。

玉米和豆类分属单子叶和双子叶植物，苗期杂草不宜使用选择性除草剂。玉米不耐杂，及时中耕除杂是其增产的重要条件。有条件时在苗期中耕除杂2～3次。第一次在2～3片叶时，中耕深度3～5 cm；第二次4～5片叶时，第三次结合追肥在拔节时，中耕深度均以10 cm为宜。

在施足底肥的基础上，结合当地土壤状况和混播后的生长情况，确定底肥和追肥用量。相较于青贮玉米单种，混种应适当增加磷、钾肥用量。追施尿素450～600 kg/hm²。氮肥应分次施入，一般分两次进行：第一次在拔节期，追肥量为30%～40%；第二次在孕穗期，即大喇叭口期进行，追肥量为60%～70%。若前茬为青贮玉米混播豆类，由于豆类的固氮作用增加了土壤氮素含量，可适当减少氮肥的用量。

施肥后无降雨可灌水以提高肥效。4片叶前期不宜灌水。拔节期、抽穗期等关键期可结合土壤墒情与降水情况，适时灌溉。玉米花粒期及时灌水是保证青贮玉米和豆类叶片不早衰、活株收获的关键。如土壤田间持水量低于70%，灌水1～2次。

（四）适时收获

青贮玉米与豆类套种采用青贮饲料收获机对玉米和豆类同时收获，进行窖贮或裹包青贮，用于牛羊等牲畜的混合青贮饲料。收获时间应根据青贮玉米的成熟情况确定，最好在乳熟末期至蜡熟前期进行收割，避免过晚造成青贮玉米品质下降及饲用豆类过分缠绕影响收割。

二、青贮玉米与豆类套种技术实践及效果

2019—2020年在朔州市应县和山阴县、吕梁市方山县、大同市阳高县开展了青贮玉米与饲用豆类的间作套种技术示范。

1. 一行玉米间作一行饲用豆类膜下滴灌生产模式

在朔州市应县、大同市阳高县和吕梁市方山县示范一行玉米间作一行饲用豆类膜下滴灌生产模式，实施了玉米+拉巴豆、玉米+秣食豆、玉米+黑豆三个组合（表4-9），三个组合中玉米单株高度依次为：玉米间作拉巴豆<玉米间作秣食豆<玉米间作饲用黑豆；从产量来看依次为：玉米+黑豆<玉米+秣食豆<玉米+拉巴豆。这可能由于拉巴豆、饲用黑豆茎秆较长，并且会缠绕在玉米植株上，进而影响了玉米的生长，而秣食豆株高较低，并且不会缠绕在玉米茎秆上，导致这两个组合中玉米长势低于秣食豆组合。

表4-9　1行玉米+1行豆类间作饲草作物产量

示范地区	处理	株高（cm）		鲜草产量（kg/亩）		鲜草总产量（kg/亩）	干草总产量（kg/亩）
		玉米	豆类	玉米	豆类		
阳高县	玉米+拉巴豆	296.67	443.33	3 221.82	1 987.52	5 209.34	1 294.12
	玉米+秣食豆	326.67	203.33	4 044.13	449.35	4 493.47	1 285.13
	玉米+黑豆	316.67	323.33	3 642.52	271.86	3 914.38	1 285.13
应县	玉米+拉巴豆	310.00	360.00	3 336.78	1 133.60	4 470.38	1 115.82
	玉米+秣食豆	310.00	205.00	4 312.08	844.27	5 156.35	1 594.28
	玉米+黑豆	345.00	285.00	4 549.83	328.46	4 878.29	1 532.62
方山县	玉米+拉巴豆	273.60	294.40	4 799.20	1 284.91	6 084.11	1 501.44
	玉米+秣食豆	306.40	146.20	6 549.94	336.70	6 886.64	1 714.70
	玉米+黑豆	314.60	156.60	5 392.21	337.95	5 730.15	1 370.36
	玉米	293.00		4 948.78		4 948.78	1 333.93
	拉巴豆		194.00		1 910.29	1 910.29	523.89
	秣食豆		132.00		1 210.03	1 210.03	380.13
	黑豆		86.00		2 123.02	2 123.02	546.99

　　从三个间作组合的饲草营养成分（表4-10）来看，玉米+拉巴豆组合粗蛋白含量最高，达到11.5%，酸性洗涤纤维（ADF）、中性洗涤纤维（NDF）含量和粗灰分含量也最高，但其粗脂肪含量低于玉米+秣食豆组合，其干物质和淀粉含量也最低。玉米+黑豆组合和玉米+秣食豆组合干物质和淀粉含量相近，粗蛋白含量秣食豆组合高于黑豆组合。

表4-10　1行玉米+1行豆类间作饲草营养成分　　　　（单位：%）

示范地区	处理	干物质	粗蛋白	ADF	NDF	淀粉	粗脂肪	粗灰分
阳高县	玉米+拉巴豆	23.13	11.90	31.70	44.50	19.54	2.40	9.20
	玉米+秣食豆	27.08	8.50	24.70	37.90	29.89	2.80	6.42
	玉米+黑豆	30.66	7.80	30.10	44.80	23.78	2.20	5.73
应县	玉米+拉巴豆	23.31	11.20	32.10	45.40	10.98	2.50	9.94
	玉米+秣食豆	29.28	9.90	25.50	40.70	24.14	3.40	6.30
	玉米+黑豆	29.31	8.50	26.70	40.90	24.56	2.60	6.86
方山县	玉米+拉巴豆	24.68	8.60	32.10	46.3	19.42	2.40	5.96
	玉米+秣食豆	24.90	9.40	26.60	42.6	26.25	2.40	5.68
	玉米+黑豆	23.91	8.70	27.10	41.5	23.27	2.50	7.51

（续表）

示范地区	处理	干物质	粗蛋白	ADF	NDF	淀粉	粗脂肪	粗灰分
	玉米	26.95	7.80	24.10	38.2	31.58	2.50	5.65
	拉巴豆	27.42	15.70	34.80	42.99	9.40	3.00	7.38
	秣食豆	34.41	17.00	33.70	45.22	1.10	5.80	4.54
	黑豆	25.76	16.40	26.60	34.61	6.80	5.70	6.70

从方山县0～20 cm土层土壤养分（表4-11）来看，玉米间饲用豆类组合的全氮、有效磷、速效钾、有机质等养分均高于玉米单作种植模式，说明间作能提高土壤养分。三个组合全氮和有机质含量以玉米+秣食豆组合最高，其次分别为玉米+秣食豆和玉米+黑豆组合。但有效磷和速效钾趋势有所不同。

表4-11　1行玉米+1行饲用豆类间作土壤养分

处理	全氮（%）	有效磷（mg/kg）	速效钾（mg/kg）	有机质（g/kg）	pH值	电导率（μS/cm）
玉米+拉巴豆	0.070	13.70	132.00	12.43	8.28	109.40
玉米+秣食豆	0.072	16.60	74.00	12.58	8.27	74.20
玉米+黑豆	0.061	22.00	105.00	10.98	8.28	76.10
玉米	0.048	9.50	80.00	8.31	8.28	76.60
拉巴豆	0.051	6.20	85.00	9.76	8.33	88.60
秣食豆	0.053	11.40	64.00	8.32	8.35	81.30
黑豆	0.114	19.60	116.00	18.65	8.14	127.1

三个示范点1行玉米间作1行饲用豆类间作生产模式以玉米+秣食豆组合鲜草产量最高，鲜草产量达6.89 t/亩，其次分别为玉米+拉巴豆组合和玉米+黑豆组合。三个间作组合鲜产分别比玉米单播增加39.16%、22.94%和15.79%。各个间作组合中玉米产量以玉米+秣食豆组合最高。与种植青贮玉米相比，种植饲用玉米+饲用豆类蛋白质含量增加了1～2个百分点，同时土壤全氮增加了0.01～0.02个百分点，有机质增加了0.2～0.4个百分点。

2. 2行玉米间作2行饲用豆类膜侧间作生产模式

在朔州市应县、大同市阳高县和吕梁市方山县示范饲草生产（表4-12）来看，三个组合中玉米单株高度，玉米间作拉巴豆、玉米间作黑豆组合略低于玉米间作秣食豆，并且秣食豆株高远低于饲用黑豆和拉巴豆。从产量来看，三个组合中鲜草产量达66.1～88.5 t/hm²，远高于单播玉米和饲用豆类饲草。2行玉米间作2行饲用豆类膜侧间作生产模式下三个间作组合鲜草产量均高于1行玉米间作1行饲用豆类膜下间作生产模式。

表4-12　2行玉米+2行饲用豆类膜侧间作饲草产量

示范地区	处理	株高（cm）		鲜草产量（kg/亩）		鲜草产量（kg/亩）	干草产量（kg/亩）
		玉米	豆类	玉米	豆类		
阳高县	玉米+拉巴豆	290.00	350.00	4 758.26	3 916.14	8 674.40	1 971.12
	玉米+秣食豆	293.33	176.67	5 873.97	543.30	6 417.27	2 013.79
	玉米+黑豆	290.00	290.00	6 455.10	709.69	7 164.79	2 057.89
应县	玉米+拉巴豆	270.00	280.00	3 375.02	1 032.52	4 407.54	1 095.66
	玉米+秣食豆	300.00	150.00	5 302.21	600.30	5 902.51	1 770.66
	玉米+黑豆	350.00	280.00	5 444.50	549.61	5 994.11	1 878.27
	玉米	293.00		4 948.78		4 948.78	1 333.93

从三个间作组合的饲草营养成分（表4-13）来看，玉米+拉巴豆组合粗蛋白含量最高，酸性洗涤纤维（ADF）、中性洗涤纤维（NDF）、粗脂肪和粗灰分含量也最高。其次为玉米+秣食豆和玉米+黑豆组合。间作组合粗蛋白含量均远高于玉米单作，分别增加0.9～3.4个百分点，但其干物质含量和淀粉含量也低于玉米单作。

表4-13　2行玉米+2行饲用豆类膜侧间作饲草营养成分　　　　（单位：%）

示范地区	处理	干物质	粗蛋白	ADF	NDF	淀粉	粗脂肪	粗灰分
阳高县	玉米+拉巴豆	21.29	10.20	26.30	38.80	23.79	3.10	8.76
	玉米+秣食豆	29.25	9.40	23.70	38.10	31.59	3.00	5.82
	玉米+黑豆	27.37	9.20	25.70	37.50	27.34	2.50	6.89
应县	玉米+拉巴豆	23.19	9.40	30.90	46.00	19.50	2.20	7.08
	玉米+秣食豆	28.11	9.00	27.60	40.40	24.52	3.20	7.68
	玉米+黑豆	29.36	8.70	26.70	39.80	26.74	2.30	6.75
	玉米	28.71	7.80	26.60	41.30	28.19	2.40	5.53

从0～20 cm土层土壤养分分析结果（表4-14）来看，玉米间作种植模式下三个玉米间作饲用豆类组合的全氮、有效磷、速效钾、有机质等养分均高于玉米单作种植模式，三个组合以玉米+拉巴豆组合最高，其次分别为玉米+秣食豆和玉米+黑豆组合。

表4-14　2行玉米+2行饲用豆类膜侧间作土壤养分

示范地区	处理	全氮（%）	有效磷（mg/kg）	速效钾（mg/kg）	有机质（g/kg）	pH值	电导率（μS/cm）
阳高县	玉米+拉巴豆	0.126	18.80	165.00	21.15	8.40	109.00
	玉米+秣食豆	0.167	47.60	385.00	30.61	8.01	339.00
	玉米+黑豆	0.141	21.00	194.00	26.04	8.16	134.70
应县	玉米+拉巴豆	0.088	5.80	92.00	15.17	8.05	210.00
	玉米+秣食豆	0.074	3.20	90.00	14.26	8.53	120.90
	玉米+黑豆	0.082	5.40	87.00	14.67	8.02	194.20
	玉米	0.071	7.00	100.00	13.64	8.22	97.70

　　综合来看，2行玉米+2行饲用豆类膜侧间作的鲜草产量均高于1行玉米+1行饲用豆类膜下间作的生产模式。与单播种植青贮玉米相比，间作产量增加2~3 t/亩，蛋白质含量增加了2个百分点以上，同时土壤全氮增加了0.01个百分点，有机质增加了0.2~0.9个百分点。将青贮玉米与饲用豆类间作，达到作物资源的充分利用、优势互补、增产增效的目的。饲用豆类通过固氮作用向禾本科牧草提供氮素，土壤全氮和有机质含量均有所增加，培肥地力，促进其生长，从而相互补充、互相促进，使植株高度、叶量有所增加，大幅度提高了青贮饲料的产草量和品质。套种青贮玉米和饲用豆类一起青贮，青贮玉米与饲用豆类混贮后蛋白质含量增加了2个百分点以上，不仅提高效率，还能保证青贮饲料的营养，增加了饲料中蛋白质的供给，减少精料及豆饼等使用成本，增产增收效果明显。在良好的管理条件下，间作可以有效利用青贮玉米生长空间，增加青贮产量，增产幅度为10%~15%。以3~4 t/亩的平均产量计算，间作方式可提高青贮产量300~600 kg/亩。

第三节　紫花苜蓿全程机械化生产技术及实践

　　紫花苜蓿作为"牧草之王"，种植苜蓿饲养奶牛是欧美地区主要的农业生产模式。2012年国务院启动"振兴奶业苜蓿发展行动"，我国优质苜蓿的种植面积逐年增加，苜蓿产业化规模发展较快，苜蓿生产机械化水平大幅提高，牧草机械品种不断增加、数量不断扩大、质量有所提高。但与发达国家相比仍然存在较大差距，关键设备依赖进口。苜蓿生产作业机械保有量不足，许多种植者只能排队等待，而每一茬紫花苜蓿从收割到入库需在7 d内完成，且一茬苜蓿的成长期仅为1个月左右，机械设备不足一定程度上影响了草产品质量和整体产业发展。国内牧草作业机械质量、作业效率与耐用性差距仍然很大，但是国外牧草机械价格高，许多种植者尤其是中小规模生产者只能望而却步。

山西省位于我国规划的苜蓿产业带，但与内蒙古、甘肃、宁夏等国内苜蓿生产优势省区相比还有较大差距，主要表现在：种植规模还比较小，产业化程度低，苜蓿草产品的产量和品质不稳定，商品率低，不能满足大中型牧场对优质苜蓿草的需求，大型牧场优质苜蓿草仍以进口草为主；区域分布不平衡，山西省苜蓿产地及草产品加工企业集中分布在朔州市和大同市，其他地区则很少，导致作业机械利用不充分、闲置时间较长、利用效率较低；各级领导和群众对草产业认知不足，苜蓿等人工草地多数被安排在坡度25°左右的退耕地和中低产田，导致牧草无法发挥正常产量，影响了草产业经济效益和种植户的积极性；苜蓿生产机械化水平较低，农机农艺不配套。针对山西省苜蓿生产中存在上述突出问题，打造牧草机械化生产标杆企业，在苜蓿种植面积较大的朔州市和大同市集成推广苜蓿全程机械化生产技术，推动草产业持续高效发展。

一、苜蓿全程机械化生产技术要点

苜蓿全程机械化生产技术包括良种选择、选地整地、精量播种、节水灌溉、科学施肥、病虫杂草防治、适时收割、晾晒干燥、干草加工、青贮（裹包青贮、堆贮）、运输贮存等12个核心技术，针对山西省苜蓿产业现状，重点集成示范了播前整地、窄行密植播种、节水灌溉、病虫杂草防治、科学施肥、适时收割、晾晒干燥、捡拾切碎、青贮（裹包青贮、堆贮）、干草加工等10项机械化生产技术。

（一）选地整地

苜蓿生长要求耕层土壤表面平整、土质粗细均匀、质地疏松、土肥混拌均匀，达到深、平、碎、透、净，上虚中实下松的播床标准。按照土地平整、集中连片、肥力中等、灌溉及交通运输方便的原则，依据深松—施底肥—耕翻—除草剂封闭—耙旋镇压的流程进行选地整地。

土壤深松一般指超出正常犁耕深度的机械松土作业，也是保护性耕作采取的技术措施之一。传统耕作方式即小型农机具作业，连年耕作，导致土壤耕层只有12～15 cm，造成厚硬的犁底层阻碍着土壤上下水气的贯通和天然降水的贮存，影响土壤养分输送和利用，难以维持植株正常生长对水、肥、气、热的需求。深松可有效地排涝、排除盐碱，半干旱盐碱地块特别适宜。机械化深松适应各种土质，对中低产田作业效果更为明显。苜蓿具有多年生、根系深、多次收割等特性。苜蓿根系发达，主根入土深达2～6 m。播种后可连续利用4～5年，每年可收割3～5茬。苜蓿生产过程中机车多次进地作业，土壤被压实，降水径流现象十分突出，土壤蓄水保墒能力明显不足。因此深松在苜蓿生产中具有巨大的推广应用前景。采用大马力拖拉机（≥210马力）配合深松犁，深松的松土深度可达35～50 cm，底肥是苜蓿播种或播种前使用的肥料，主要以有机肥为主，同时配合施入一些缓效化肥，或二者混合使用。施肥后耕翻土壤25 cm以上，旋耕深度15～20 cm，旋耕后用圆盘等重耙耙平。播种前采取土壤封闭处理效果较好，然后用耙旋镇压以增加土壤表层紧实度和平整度，增加土壤与苜蓿种子的接触度及保墒，达到播种状态。

（二）播种

山西省地形南北狭长、东西两山和中部盆地海拔落差大，气候差异较大，虽然苜蓿的适应性较为广泛，依据种植地的气候条件、土壤条件、牧草收割利用方式及品种的适应性、优质高产综合考虑，选择适宜的良种。雁门关外及东西山区等冷凉、半干旱地区选择耐旱品种，秋眠级在2～4级，应以春播为主、夏播和夏秋播为辅；中部、南部和低海拔盆地等温暖地区选择秋眠级在4～6级，应以秋播为主。苜蓿播种方法主要有条播、撒播和穴播。机械播种机条播是苜蓿草生产田最常用的播种方法，一般行距15～30 cm。

苜蓿种子较小，且为双子叶植物，种子萌发时顶土能力较弱，因此播种深度宜浅不宜深，一般播深2～3 cm为宜。土壤结构疏松的沙土、壤土可稍深，土壤结构紧实的黏土稍浅；土壤干燥稍深，土壤湿润稍浅。

苜蓿的理论播种量为0.75～1 kg/亩，生产实际中应根据种子的质量计算实际播种量，计算公式如下：

$$实际播种量（kg/亩）= \frac{种子用价为100\%的播种量}{种子用价（\%）}$$

$$种子用价 = 种子发芽率（\%）× 种子净度（\%）$$

生产实际中，苜蓿的播种量有一定的变化，苜蓿的出苗率除与播种量的多少有关外，还与气候、土壤、水分、养分等有关。一般来讲，气候、土壤、水分、养分等条件良好时，播种量可稍低一些，反之，应适当增加播种量。

（三）灌溉

苜蓿是一种需水较多的作物，苜蓿的耗水系数通常在500～700（生产1 kg干物质需要消耗500～700 kg的水分）。黄土高原苜蓿需水量大约600～1 100 mm，黄土高原降水量为400～800 mm，年平均降水量410 mm，年平均蒸发量1 500 mm以上。因此，灌溉是苜蓿获得优质高产的必要环节。我国北方干旱、半干旱地区苜蓿灌溉的3个关键时期，一是播种期和苗期灌溉，播种期和苗期灌溉是实现苗早、苗全、苗壮的必要措施；二是入冬前灌溉，冬季漫长、寒冷地区，入冬前灌越冬水，有利于苜蓿越冬；三是早春返青前灌溉，春季干旱少雨地区，返青水是苜蓿高产优质的关键。此外，苜蓿生长期如遇干旱天气，也应及时灌溉。一般情况下苜蓿的适宜灌水定额为30～60 mm，冬灌适宜灌水定额可以高达100 mm左右，播种期和苗期适宜灌水定额可以低至10 mm以下。适宜的灌水深度为300～600 mm。灌溉方法主要有喷灌、漫灌、地面滴灌和地下滴灌。

（四）杂草及病虫害防控

1. 杂草防控

杂草防控是苜蓿田间管理的一项基本措施。杂草对苜蓿的危害有两个较为重要的时期，一个是苜蓿幼苗期，特别是春播和夏播苜蓿，苜蓿幼苗生长较慢，杂草生长较快，苜蓿幼苗在竞争中处于劣势，苗期杂草防控非常重要，是影响苜蓿能否建植成功的关键之一；另一个是夏季苜蓿收割以后，杂草生长异常迅猛，影响苜蓿生长，也给苜蓿草的质量带来影响。杂草防控一般在耕翻前、播种前、播种后出苗前、幼苗期、返青或收割后进行。

（1）耕翻前杂草防控

对于多年生杂草危害较严重的地块，应在耕翻前杂草旺盛生长期进行防除，一般采用41%草甘膦（农达）水剂400～600 mL/亩，或草甘膦铵盐水剂1 200～2 000 mL/亩，兑水40 L进行茎叶喷雾。

（2）播种前土壤封闭

阔叶杂草比较多的地块，播种前采用48%地乐安（仲丁灵）乳油200～250 mL/亩，或5%咪唑乙烟酸（普施特、豆草特、豆施乐）水剂150 mL/亩，兑水40 L，喷施地表后耙耱，3～5 d后播种。

（3）播种后出苗前杂草防除

采用96%精-异丙甲草胺（金都尔）乳油50～70 mL/亩，或90%乙草胺（禾耐斯）乳油80 mL/亩，或5%咪唑乙烟酸水剂50～70 mL/亩，或48%地乐安乳油50～70 mL/亩，兑水30～40 L进行土壤表面喷雾。

（4）幼苗期杂草防除

苜蓿3个三出复叶展开、杂草3～5叶期，采用5%咪唑乙烟酸水剂100～120 mL/亩，或5%咪唑乙烟酸水剂40 mL/亩+12.5%烯禾啶（拿捕净）90 mL/亩，或15%噻吩磺隆WP 20 g/亩，或15%噻吩磺隆可湿性粉剂15 mL/亩+10.8%高效氟吡甲禾灵（高效盖草能）乳油40 mL/亩，或50%高特克（草除灵）悬浮剂30 mL/亩+10.8%高效氟吡甲禾灵乳油50 mL/亩，兑水40 L进行茎叶喷雾。

（5）返青或收割后杂草防除

春季苜蓿返青或每次收割后，采用5%咪唑乙烟酸水剂120 mL/亩兑水40 L进行茎叶喷雾。

2. 虫害防治

为害苜蓿的害虫主要有蚜虫类、蓟马类、盲蝽类、螟蛾类、苜蓿叶象甲、芫菁类和地下害虫类。虫害防治技术有农业防治、生物防治、物理防治等。

农业防治措施包括及时刈割、选用适合当地种植的抗虫品种、加强田间水肥管理、进行轮作倒茬、秋末或苜蓿返青前及时清除田间残茬和杂草，降低越冬虫源。苜蓿现蕾前，且田间天敌数量较多时，建议采用微生物农药防治，可用0.5%藜芦碱可溶性液剂0.4～0.5 g/亩（有效成分），或1%苦参碱乳油0.6～0.75 g/亩（有效成分），兑水30～40 L叶面喷雾，防治蚜虫、蓟马、盲蝽类、苜蓿夜蛾、草地螟和芫菁类害虫。苜蓿现蕾前，且田间天敌数量较少时，建议采用化学农药进行应急防治，可用4.5%高效氯氰菊酯乳油30～50 mL/亩，或2.5%溴氰菊酯乳油50～70 mL/亩，兑水40 L叶面喷雾，防治蓟马、苜蓿叶象甲、苜蓿籽象甲、盲蝽类和芫菁类害虫；用3%高氯吡虫啉乳油50～70 mL/亩，兑水40 L叶面喷雾，防治蚜虫。化学农药防治安全间隔期为7 d，收割前7 d应停止用药。地下害虫严重的地块，播种前用3%辛硫磷颗粒剂200～400 g/亩拌细土5～6倍撒施，防治地下害虫。还可以采用粘虫板诱杀、陷阱诱杀、灯光诱杀等物理方法防治。蚜虫采用黄板诱杀，蓟马采用蓝板诱杀，粘虫板下沿与苜蓿生长点齐平，随植株生长高度调整悬挂高度，悬挂25 cm×30 cm的粘虫板30张/亩。

3. 病害防治

苜蓿高温高湿季节常会发生锈病、霜霉病、白粉病、褐斑病、炭疽病、根腐病等。选用抗病苜蓿品种、合理轮作、多品种布局，尽量避免大面积种植单一品种；增施磷钾肥，少施氮肥；发病后尽早收割，清除田间病株残体。锈病、霜霉病、白粉病、褐斑病、炭疽病等5种病害应在现蕾期之前及早防治。用75%百菌清可湿性粉剂70～80 g/亩，兑水40～50 L，茎叶喷雾，防治锈病和褐斑病。用20%粉锈宁乳油3 000～5 000倍液，茎叶喷雾，防治白粉病和褐斑病。用50%多菌灵可湿性粉剂70～100 g/亩，兑水40～50 L，茎叶喷雾，防治霜霉病、褐斑病和炭疽病。

（五）施肥

苜蓿属于高产作物，一年可刈割多次。苜蓿频繁刈割会增加土壤营养的消耗，甚至会造成土壤矿质元素大量缺乏。有研究表明，种植苜蓿每年从土壤中吸收氮13.5 kg/亩、钾16.7 kg/亩、磷45 kg/亩左右。为了获得高产优质的苜蓿草产品，就必须进行施肥。我国苜蓿推荐施磷量（P_2O_5）为4～12 kg/亩，美国紫花苜蓿最高推荐施磷量大多为6.67～20 kg/亩。内蒙古凉城地区苜蓿干草生产最优施肥配比为磷（P_2O_5）、钾（K_2O）、氮（N）分别为11.88～12.15 kg/亩、3.42～3.62 kg/亩、2.72～2.86 kg/亩，可以收获饲草产量为749.82～751.12 kg/亩。苜蓿返青一次性追肥效果最好，追施苜蓿专用复合肥35 kg/亩，年干草产量达880 kg/亩，比不施肥对照增产38.54%，比第1次和第2次刈割后施同样肥量处理分别高12.50%和18.42%。

喷施叶面肥是提高苜蓿产草量和品质的有效措施之一，在苜蓿收割前20 d喷施0.3%尿素+0.5%磷酸二氢钾+0.1%硫酸亚铁+0.05%钼酸铵的复配叶面肥220 L/亩，全年总干草产量和粗蛋白含量比对照分别增加17.70%和13.98%。

（六）苜蓿机械配套参考

苜蓿种植、收获及加工调制机械配置与生产规模有一定关系，根据机械作业能力，以苜蓿商品草生产为目的，提出主要收获机械配备，以供生产企业参考（表4-15、表4-16）。

表4-15　133.3 hm²（2 000亩）种植规模苜蓿田间收获设备配置参考

设备名称	型号	作业幅宽（m）	单台效率（亩/h）	数量（台）	备注
牵引式割草压扁机	H7220	2.8	50	1	7圆盘
搂草摊晒机	163	5.4	80	1	4轮
指盘式搂草机	HT152	6.2	80	1	10轮
小方捆打捆机	BC5070	2	20	2	
大圆捆打捆机	BR6090	2	40	1	用于青贮打捆
拉伸膜裹包机		2	20	1	用于圆捆裹包
牵引式集捆车	1037	—	280捆/h	3	用于小捆搬运
拖拉机	SNH904	—	—	4	配套割草机
拖拉机	SNH504	—	—	4	配套打捆机等

注：引自刘连贵等，2018。

表4-16　133.3 hm²（2 000亩）苜蓿田间收获设备配置参考

设备名称	型号	作业幅宽（m）	单台效率（亩/h）	数量（台）	备注
自走式割草压扁机	H8060	4.9	100	3	12圆盘割台
搂草摊晒机	163	5.4	80	6	4轮
指盘式搂草机	HT154	9.4	120	4	16轮
大方捆打捆机	BB9080	2.4	50	4	120 cm×90 cm草捆
大方草捆捡拾机	XP54T			2	大方捆捡拾
圆捆裹包机	BR6090	2	40	2	用于圆捆裹包
伸缩臂叉车	LM5040			4	用于大方捆搬运
牧草捡拾切碎机	FR9040	3	100	1	青贮苜蓿收获
拖拉机	T2104/1404	—	—	4	配套打捆机
拖拉机	SNH504	—	—	10	配套打捆机等

注：引自刘连贵等，2018。

二、苜蓿全程机械化生产技术实践及效果

针对山西省苜蓿生产中存在的牧草作业机械保有量严重不足、作业机械的质量不高，农机农艺不配套、农机与种植规模不配套；苜蓿分布不均衡，作业机械闲置时间较长，农

机利用效率较低；草业龙头企业较少、带动性不强等共性突出问题，为打造牧草机械化生产标杆企业，推动草产业持续高效发展。山西省农业农村厅在雁门关农牧交错带推广示范苜蓿全程机械化生产技术，2020年在苜蓿种植面积较大的山阴县和天镇县分别建立了苜蓿全程机械化生产技术示范点，集成示范苜蓿播前整地、窄行密植播种、节水灌溉、病虫杂草防治、科学施肥、适时收割、晾晒干燥、捡拾切碎、青贮（裹包青贮、堆贮）、干草加工等10项机械化生产技术。

（一）朔州市山阴县全程机械化生产技术示范

山西省从2015年开始实施草原生态保护补助奖励、粮改饲、振兴奶业苜蓿发展行动和雁门关农牧交错带建设项目，截至2020年苜蓿种植面积达到3.23万hm²，其中近一半在朔州市种植，山阴县又是苜蓿种植大县。2020年在朔州市山阴县北王庄骏宝宸农业科技股份有限公司牧草基地以40 hm²为规模示范苜蓿全程机械化生产技术，系统示范了整地、播种、病虫杂草防治、灌溉、施肥、收割、干草及青贮调制等全程机械化技术，总结提出了苜蓿生产机械配套模式。

1. 苜蓿机械化栽培技术示范

按照"深松—耕翻—除草剂封闭—耙旋镇压"流程进行整地（图4-10），使用约翰迪尔1854（200马力）拖拉机牵引意大利马斯奇奥ARTIGLIO 300深松机进行土壤深松（图4-11），深松深度达到40 cm以上（作业能力2～3 hm²/h）。

图4-10　平整土地

图4-11　深松旋耙

深松后用雷沃1000（100马力）拖拉机牵引9SF型农家肥抛撒车施有机底肥45 m³/hm²（图4-12），用雷沃854（90马力）拖拉机牵引2S-1200型撒肥机施复合肥底肥磷酸二铵15 kg/hm²（作业能力4 hm²/h）。施底肥后使用迪尔1404（140马力）拖拉机牵引百川450牵引犁耕翻耕层土壤（图4-13），达到25 cm以上（作业能力hm²/h）。耕翻土地后浇水，促进杂草迅速萌发生长，待杂草萌发生长后再通过机械耙旋的方式去除杂草；耙旋镇压后，"3WPG-600"喷雾机喷施仲丁灵（地乐胺）抑制禾本科杂草、小粒种子及部分阔叶杂草种子的萌发（图4-14），用48%仲丁灵乳油200～300 mL/亩兑水稀释100倍喷雾（作业能力6 hm²/h）。喷施封闭除草剂的土壤使用迪尔1654（165马力）拖拉机牵引库恩3004动力旋耕耙（幅宽3 m）对耕层土壤耙旋、镇压（图4-15），增加土壤表层硬实度和平整度，成人站在地上下陷深度不超2 cm，以增加土壤与苜蓿种子的接触度及保墒，达到播种状态。

图4-12　施底肥

图4-13　耕翻

图4-14　土壤封闭

图4-15　镇压

播种用迪尔904（90马力）拖拉机牵引"库恩"牧草精量条播机播种（图4-16），播种行距15 cm，播种深度1～2 cm，播种量均为30 kg/hm²（播幅宽3 m，作业能力2 hm²/h）。播种后采用华泰保尔75-400型卷扬式喷灌设备灌溉（图4-17）立即浇水，苜蓿株高15～20 cm进行少量多次的浇水（湿润深度分别为5～10 cm、15～20 cm），后续视干旱程度再浇灌。

图4-16　播种

图4-17　灌溉

山阴县农田杂草主要有苋菜、蓼、藜、龙葵、苍耳、稗草、狗尾草、马唐、黍等。苗期用3WPG-600喷雾机或大疆T16无人机喷洒（喷雾能力3～4 hm²/h）苜蓿专用除草剂防除杂草（图4-18），用5%精喹禾灵乳油50～70 mL/亩，兑水30～40 L均匀喷雾，防除稗子、马唐等禾本科杂草；或1 000～2 000 mL/亩的15%咪唑乙烟酸水剂，兑水30～40 L均匀喷雾，防除苋菜、蓼、藜、龙葵、苍耳、稗草、狗尾草、马唐、黍等杂草。第二茬收割后分别喷施108 g/L高效氟吡甲禾灵40 mL/亩，杂草防除效果达到90%以上。

图4-18　无人机植保作业防治病虫害

用4.5%高效氯氰菊酯乳油30 mL/亩，或20%吡虫啉可溶液剂30 mL/亩兑水均匀喷雾防治蚜虫、夜蛾、草地螟、蓟马等虫害；用多菌灵、百菌清，或甲基托布津喷雾防治锈病、霜霉病、褐斑病和白粉病等病害。使用3WPG-600喷雾机或大疆T16无人机喷药防治，收割前7～10 d停止用药。

第一、二、三茬收割后用雷沃854（85马力）牵引9SF型撒肥机撒施追肥磷酸二氢钾15 kg/亩，追肥应与灌溉同时进行；在每茬苜蓿株高15～20 cm时用3WPG-600喷雾机叶面喷施植物生长调节剂和叶面肥（磷酸二氢钾10 kg/亩）。

2. 苜蓿机械化收割及加工调制技术示范

苜蓿现蕾至初花期用麦赛弗格森9960自走式割草压扁机（190马力、割幅宽度5 m、草条宽度1.7～1.8 m、作业能力6 hm²/h）或凯斯纽荷兰130自走式割草压扁机（165马力、割幅宽度5 m、草条宽度1.7～1.8 m、作业能力4 hm²/h）收割（图4-19），收割留茬高度3～5 cm，最后一次收割留茬高度8～10 cm。在机械作业不压草的情况下尽量使草条的带宽最大（图4-20），达到快速晾晒的目的。割草前密切关注当地天气预报，选择晴好天气割草。

图4-19　割草

收割后自然晾晒干燥72 h左右，晾晒过程中使用雷沃1304（130马力）拖拉机牵引克拉斯450搂草机搂草集草，使牧草快速均匀干燥，尽量缩短晾晒干燥时间（图4-21）。

图4-20　晾晒干燥　　　　　　　　　图4-21　搂草翻晒

当含水量达到20%时，用雷沃1000（100马力）或约翰迪尔1004（100马力）拖拉机牵引麦克海尔"McHale F5500"大型圆捆机（作业能力3 hm²/h）打成大圆捆，（草捆直径120 cm，高125 cm，密度600 kg/m³）（图4-22）。

收割后自然晾晒24 h左右，当苜蓿含水量降到60%左右时，用克拉斯850或870（520马力、530马力）捡拾切碎机捡拾切碎，拖车运回，用挪威奥库"MP2000-X"裹包机打成大圆捆（草捆直径120 cm，长120 cm，单包重量750 kg左右），打包时均匀喷洒健源生物青贮宝青贮菌剂4 g/t和糖蜜2.5 kg/t（用自来水稀释1 000倍），用牧草青贮专用拉伸膜（膜厚0.025 mm）裹包，拉伸膜之间需50%的重叠，包膜8层。裹包好的青贮包用曼尼通MLT-X735多功能牧草捡拾叉车夹包就近运送到贮草棚进行堆放，采用竖式两层堆放贮藏的方式，堆放及转运过程中发现破损包应及时采用宽幅防水胶带进行修补。裹包后的苜蓿经过8～10周完成发酵形成青贮饲料。

图4-22　苜蓿干草捆

（二）大同市天镇县苜蓿全程机械化生产技术示范

大同市苜蓿种植面积在山西省居第二位，2020年在大同市千叶牧草科技有限公司30 hm²苜蓿生产基地示范全程机械化生产技术，通过整地、播种、病虫杂草防治、灌溉、施肥、收割、青贮等集成示范，减少了苜蓿草收获及加工环节的产量和营养损失，大幅度提高了苜蓿的种植效益。

1. 天镇县苜蓿全程机械化栽培技术示范

按照"犁地—旋耕—土壤封闭—耙地"流程进行整地。示范田前茬作物为玉米，首先用50型装载机对地块进行粗略平整，然后用100马力以上的拖拉机（雷沃或约翰迪尔）牵引1LF430液压翻转犁耕翻，耕翻深度30 cm。耕翻后用约翰迪尔1204拖拉机牵引1BZ系列24片圆盘重耙交叉耙地2次。玉米茬地用100马力以上的拖拉机（雷沃或约翰迪尔）牵引1GQN-220型旋耕机旋耕整地，旋耕深度15～20 cm，旋耕后用1BZ系列24片圆盘重耙耙平（图4-23）。

施肥

耕地

旋耙

土壤封闭除草

图4-23　施肥、整地

播种前施足底肥，旋耕或耙地前使用37 kW以上的拖拉机带动kverneland VN261撒肥机施肥，施过磷酸钙50 kg/亩、硝酸磷5 kg/亩、硫酸钾5 kg/亩、磷酸一铵5 kg/亩。用"法国库恩FC4000"牧草精量播种机播种镇压（图4-24），播种行距12.5 cm，播种深度2 cm，播种量均为2.6 kg/亩（作业能力3 hm²/h）。播种行距比常规行距25～30 cm减少50%～58.3%，播种

图4-24　播种镇压

量比常规播量1.5 kg/亩增加73.3%。通过窄行密植技术达到播种当年实现高产的目的，同时还可以控制杂草入侵。

天镇县农田杂草主要有稗子、马唐等禾本科杂草，灰绿藜、龙葵、苍耳等一年阔叶杂草。耙地之前喷施土壤封闭除草剂地乐胺220 mL/亩+5%咪唑乙烟酸50 mL/亩进行苗前杂草控制；第二茬收割后分别喷施108 g/L高效氟吡甲禾灵40 mL/亩。除草剂用3WPG-600自走式喷雾机喷洒。

苜蓿播种后生长至10 cm左右进行第一次追肥，机械撒施硝酸磷肥10 kg/亩；第一茬收割后追施磷酸一铵5 kg/亩、硝酸磷15 kg/亩；第二茬收割后追施磷酸一铵5 kg/亩、硝酸磷5 kg/亩、硫酸钾5 kg/亩。用kverneland VN 261撒肥机撒施追肥，追肥与灌溉同步进行。苗期第一次灌水，每茬收获后3 d开始灌水，收获前7 d停止灌水。灌溉一般采取井水漫灌。

2. 天镇县苜蓿机械化收割及青贮调制技术示范

苜蓿进入现蕾期时开始刈割，早晨遇有露水时应在露水干后割草。使用CLASS DISCO-3200FPROFIL或KUHN FC 352割草压扁机割草，压扁割草机收割（作业能力2 hm²/h），收割留茬高度7~8 cm（图4-25）。

图4-25 割草压扁

苜蓿收割后经过自然晾晒12~24 h，用80马力以上的拖拉机牵引库恩GA 8030搂草机搂草翻晒，使含水量下降到55%~60%。使用CLAAS-JAGUAR 870自走式青贮饲料收获机进行捡拾切碎（图4-26），切草长度2~3 cm，应注意及时磨刀，保证刀片锋利。在捡拾切碎过程中，将配置好的德国绍曼"保时青"青贮添加剂自动喷洒至切碎的原料中，添加剂用量为1.0 g/t，用干净的自来水稀释1 000倍。捡拾要干净，否则造成浪费并且影响下茬品质。将切碎的苜蓿运送到青贮场地进行青贮。每台收割机每天可捡拾60~70 hm²，每台捡拾机配2~3辆运草车。

图4-26 搂草翻晒和捡拾切碎

根据生产计划和田间拉运能力建设青贮窖，地坪要求高出地面15～20 cm，混凝土厚度不低于30 cm，地面坡度2°～3°，以便排水。如果没有硬化条件可在底部铺厚度0.12 mm以上的塑料膜。贮前准备好人员、场地、电力及机械配置、废旧轮胎和塑料膜，应清扫窖面并用水冲洗干净，待地面干燥后，用1∶3巧酸霉溶液进行喷洒杀菌、消毒、防腐，最好横向和纵向喷洒2～3遍；拉运前对拉运车、压实设备清洗消毒，防止污染。运草车将原料运来卸、摊草、压窖，摊草厚度每层最高不超过20 cm，压窖要匀速压实。堆窖完成后的形状类似堤坝形状，只是棱角全部压实圆滑，堆窖的坡面坡度为35°～40°，长坡坡度为20°～30°，侧坡面坡度为30°～40°；来料由长坡面逐层压实；顶部不要过多碾压，顶部铺平，正常压实即可，顶部过多碾压会导致更严重的顶部腐败；压实密度鲜重>650 kg/m³。覆盖前窖顶喷洒1∶3的巧酸霉溶液防霉变，采取分段压窖分段塑料膜覆盖，从窖的一头或从中间向两头压窖，覆盖内外两层黑白膜，内膜用0.05～0.08 mm厚的隔氧膜OBP覆盖，黑色面朝上白色面朝下，外膜用0.12 mm厚的黑白青贮膜，黑色面朝下白色面朝上；覆盖后用轮胎逐个压盖排尽空气并留边以便与下次覆盖的膜衔接，覆盖至地面的膜边延伸段用土或沙压盖并加盖轮胎。全部堆贮结束后，及时封窖，保证两个窖头的压实密度和封窖后覆盖的密封性，检查覆膜是否有破损，如有破损要及时用胶带修补密封。封窖4周（1个月）之后，发酵基本完成，可取样检测，开窖取用。

全程配套机械化生产技术作业且高生产效率的农机与农艺融合技术模式，大幅度提高了作业效率，缩短了苜蓿收获、干燥、打捆时间，减少了收获、干燥、运输过程中牧草产量和营养物质的损失，通过添加干基物料的混合青贮，实现了苜蓿高水分青贮，缩短了收获时间，减少了雨季对苜蓿生产的影响。使用先进的饲草收获机械，减少了灰分的卷入，提高了苜蓿产品品质，二级以上苜蓿干草比例达到95%以上。开展了苜蓿裹包青贮，贮存时间可以长达3年甚至5年，极大地方便了饲草产品的存放和运输，使山西省的苜蓿裹包青贮产品可以远销云南、贵州、四川等地。

第四节　农闲田饲草生产技术与实践

农业生产中采用轮作的耕种制度，在某个生长季不种植任何作物，但是仍然通过系统的土壤耕作作业达到清除杂草、蓄水保墒和增加土壤有效养分，此称之为休闲，由此而对应的田地谓之闲田。山西省的农闲田按照季节区分，有麦类收获之后的夏闲田，也有玉米等秋粮收割之后的秋冬春闲田（图4-27）。休闲田种植绿肥植物，经过一定期间生长之后，将其绿色茎叶切断直接翻入土中沤制，可以为土壤提供多种养分和大量有机质，能改善土壤结构、促进土壤熟化、增强地力。同时在休闲田种植速生的饲草，将达到一定生长发育阶段的饲草收割贮制，制成可为草食动物利用的饲草产品，为草食动物养殖业的发展提供充足的保障。

夏闲田　　　　　　　　　　　　　　　　秋冬春闲田

图4-27　农闲田

一、农闲田饲草生产技术

虽然饲草与作物的区别主要是营养体的收获，可以不考虑收获时的籽粒充盈程度，但是为了发挥饲草生产效益，需待饲草的可收获营养物达到一定的经济产量时，方能收获。故而在农闲田饲草生产时，首先要考量当地的积温条件，然后筛选适宜的饲草种类和品种，尽早抢播，强化管理，增产增收，及时收获离地。

（一）气象资料收集与研判技术

限制饲草生长的气象因素主要有温度、水分、光照等，在农闲田利用中，有效积温对能否配置、可配置何种何品种饲草起着关键性的作用。山西省日均气温稳定≥10℃的积温，在省域空间尺度上的分布具有明显的纬度地带性，表现为由南向北递减的趋势，即随纬度增加而减小。同时，也表现出明显的垂直地带性差异，即积温随海拔升高而降低。3 500℃≤积温<4 500℃的区域主要分布在海拔700～1 200 m的中南部地区和西部黄河沿岸峡谷地带，积温≥4 500℃的区域位于山西西南部海拔400～600 m的盆地。

（二）农业机械优化配备技术

农闲田往往是在农作物生长两茬不足、一茬有余的地区，利用饲草生长期短于农作物，能以完成整个生育期的空闲时期来生产饲草。在这个时期农业生产争取时间是最重要的，因此规模化、机械化饲草种植，不仅能提高生产效率，而且为不影响下一茬农作物种植争取时间。同时降低人工成本，提高土地产出率、资源利用率，实现标准化、生态化饲草种植，促进饲草产业的绿色生态可持续性发展。

（三）饲草配置技术

不同科属种或者品种的饲草不仅生长特性不同，而且对温度、水分、光照、土壤的适应性不同。农闲田选配饲草种类或者品种不但要考虑当地的地理气候条件、土壤状况、栽培季节，而且要考虑所养畜禽种类、利用方式、社会经济发展情况等因素。

山西省中南部气候差别大，而不同的饲草品种对气候有不同的要求。一般来说，寒冷地区可选择种植耐寒的品种和冷季禾本科牧草；炎热地区可种植大力士甜高粱、高丹草、苏丹草等；干旱地区可种植大力士甜高粱、苏丹草等；温暖湿润地区可种植青贮玉米、多年生黑麦草等。

不同的饲草品种对土壤的酸碱适应性差别大，有的耐瘠性强，有的大肥大水栽培。碱性土壤可选择耐碱性的黑麦草、大力士甜高粱等；酸性土壤选择种植白三叶等。贫瘠土壤可选择鸭茅等；土壤湿度大的可选择白三叶、黑麦草、大力士甜高粱、高丹草、苏丹草等。一般来说，反刍家畜喜食植株高大、粗纤维含量相对较多的饲草，如青贮玉米、大力士甜高粱、高丹草、苏丹草等。而鸡、鹅、鸭、兔则喜欢蛋白质含量较高、叶多柔嫩的饲草，如白三叶、黑麦草等。饲草利用方式有青饲、青贮、晒制干草和放牧等。在农闲田生产中，若以青绿饲料来青饲、青贮为目的或晒制干草，应以饲草的生物产量高低来考虑。此外饲草的抗病性、抗倒伏性、是否耐刈割等也应考虑。

（四）免耕栽培技术

免耕技术是指作物播前不用犁、耙等农机具整理土地，不清理作物残茬，直接在原茬地上播种，播后作物生育期间不使用农具进行土壤管理的耕作方法。免耕可以减少耕作次数，增加土壤有机质含量，保持土壤肥力，提高土壤含水量和土壤水分有效性，减少土壤风蚀和水蚀，减缓土壤退化。

采取免耕技术可以减少50%~90%土壤侵蚀，在风沙严重区域推行免耕农业技术势在必行。2017年针对春季燕麦播种阿鲁科尔沁旗田园牧歌公司引进了中农机免耕播种机和奥地利博田气吹式免耕播种机，中农机免耕播种机只适宜燕麦播种，气吹式免耕播种机适宜燕麦和苜蓿播种作业，解决了燕麦春季播种问题。阿旗田园牧歌公司现在使用的是德国雷肯鲁宾高速灭茬耙及雷肯卡拉特整地机，高速灭茬耙作业效率高，作业质量好，耙地深度

12 ~ 14 cm，作业效率4 ~ 4 hm²/h。阿旗田园牧歌草业公司现在使用的免耕播种机是中农机免耕播种机。

（五）杂草防除技术

农闲田杂草防除技术选择高效安全除草剂、适期施药、杜绝超剂量使用、不合理施药现象。坚持封闭处理与茎叶处理相结合原则。充分发挥封闭控草优势，利用播栽前后气候适宜的时机开展封闭处理，减少后期茎叶处理的除草压力，延缓杂草抗性发展水平。结合饲草播栽期调整、翻耕整地、沟渠整治、田间管理等农业措施，清除田埂、沟渠杂草，发挥生态控草作用，降低农闲田杂草发生基数，减轻化学除草压力。

（六）精准施肥技术

构建农闲田饲草生产绿色肥料体系，实现化肥产品绿色化、高效化，实现化学肥料增效减量；构建种养一体化观念，实现化肥有机肥替代减量；普及精准施肥技术，施肥机械化智能化，实现肥料精准投入。实现化肥增效减量的主要途径是促进肥料产品优化升级，大力推广高效新型肥料，而近年来我国快速发展的缓控释肥、水溶性肥料、增值肥料等新型肥料满足了绿色环保、安全高效的需求。以增值肥料为例，肥料生产过程中加入海藻酸类、腐植酸类和氨基酸类等天然活性物质所生产的肥料改性增效产品。海藻酸类、腐植酸类和氨基酸类等增效剂都是天然物质或是植物源的，可以提高肥料利用率，且环保安全。

（七）节水灌溉技术

水资源是提高牧草水分利用效率和提高牧草生产力的关键技术，通过灌溉调控、地表覆盖、耕作调控、微生物调控和植物蒸腾抑制等措施和技术可以提高饲草水分利用效率，山西省2020年发布了农业用水定额，饲草地年用水量定额为60 m³/亩。节水灌溉方式主要包括渠道防渗、管道输水、喷灌、微灌等。大中型喷灌机组具有机械化、自动化程度高特点（图4-28）。中心支轴式喷灌机和平移式喷灌机优点明显，采用平移式喷灌机可充分发挥平移机效益。卷盘式喷灌机具有机动灵活，适应大小田块，不受地块中障碍物限制，操作简单、机械化程度高等特点。

中心支轴式喷灌机　　　　　　　　　　　　卷盘式喷灌机

图4-28　田间喷灌设施

农闲田饲草生产，在确定适宜收获时期时，除了考量饲草单位面积可收获总消化养分的量，更要与前后茬栽培饲草或者作物的生产农时相协调。夏闲田栽培饲草的收获时期，应以不影响秋季最晚播种的饲草或者作物为宜（图4-29）。秋冬春闲田栽培的饲草，应以不耽误夏播饲草或者作物的播种为宜。

青贮玉米秋季收获　　　　　　　　　　　　　　小黑麦春季收获

图4-29　农闲田饲草收获

二、农闲田饲草生产实践

（一）山西永济市超人奶业有限责任公司夏闲田青贮玉米生产

山西永济市超人奶业有限责任公司成立于2001年，永济市属北温带大陆性气候，四季分明，日照充足，无霜期最多达216 d，年平均气温为13.5℃，年降水量550 mm左右，≥10℃的积温4 500℃左右，具有丰富的水热资源。为了满足2 000多头高产奶牛玉米青贮饲料的均衡供应，实施冬小麦+夏青贮玉米的轮作模式，在夏闲田栽培适宜高温、快速生长的青贮玉米品种，将公司的腐熟厩肥施入土壤，肥粪还田，减少化肥的施用量，达到化肥减量提质增效。

在冬小麦+夏青贮玉米的轮作体系中，为了养地将苜蓿纳入其中，将头茬苜蓿加以干草调制，后茬苜蓿则全部以堆贮的方式青贮生产（图4-30）。

苜蓿堆贮　　　　　　　　　　　　　　　　　　玉米窖贮

图4-30　超人奶业有限责任公司饲草生产

（二）汾河平原饲用小黑麦—青贮玉米生产模式

汾河是黄河中部的第二大支流，流经山西6个地市45个县（市、区），汾河流域面积（39 826 km²）占全省总面积的25.5%，水资源总量（3.36×10⁹ m³）占全省水资源总量的27.2%，全长709.9 km。位于山西省中、南部的汾河平原，北部是太原盆地，南部为临汾盆地。汾河平原属于汾渭谷地的一部分，年均温8.0~13℃，1月平均气温-1.0~6.0℃，7月平均气温24.0~26.0℃，>10℃积温3 500~4 500℃，积温满足　年　熟或一年二熟，降水量460~700 mm，6—9月的降水量占全年降水量的70%以上，是山西省重要的粮、棉产地。汾河平原自古就有生产和保藏饲草、草食动物养殖与畜产加工的传统，历史上形成的压青制加工方式在山区仍有应用。

秋季收割青贮玉米，充分利用秋冬春闲田，栽培饲用小黑麦，可以称之为秋冬春闲田小黑麦生产。饲用小黑麦秋季播种，春夏收割，复播青贮玉米，可以称之为夏闲田青贮玉米生产。二者相结合，可以构建汾河平原饲用小黑麦—青贮玉米的周年生产模式。发展饲用小黑麦—青贮玉米周年生产，充分将冬春季节农闲田以粮食生产为目的谷类籽实提前收割，调制为优质饲草，减少了籽实饲料化的收割、储运、流通环节，提升饲草自给率，促进草食动物健康可持续发展的重要保障，同时与粮食生产不争地，符合国家防止耕地"非粮化"稳定粮食生产的政策。

1. 饲用小黑麦—青贮玉米生产模式设计

作为山西粮食生产的主产地，汾河平原产生大量的秸秆，秸秆饲用化比例低。前茬收获之后，为了及时种植后茬，促使秋冬主导型和夏秋主导型秸秆焚烧污染严重，叠加谷地平原的地形特征减缓了风力，加剧了PM2.5、PM10、CO等污染物的积累与持续时间。通过配置籽粒不需要极致发育的饲用型小黑麦—青贮玉米生产模式，秋季播种小黑麦，经过低温春化作用，增加来年分蘖枝条数量，提升小黑麦饲草生物量。待春季小黑麦充分生长，积累可利用营养物质，抢收小黑麦调制干草或者青贮饲料。紧接着抢种青贮玉米，秋季连同玉米茎秆一起收获，调制为全株玉米青贮饲料，因此可以将饲草的茎秆充分利用，减少了秸秆处理的环节，有效缓解因秸秆焚烧引致的大气污染问题。同时青贮玉米全株收贮，降低了玉米籽粒直收的损失率，规避了玉米籽粒贮藏发霉变质的现象，提升了粮食、饲料的质量。

2. 饲用小黑麦—青贮玉米生产模式示范

在汾河重要支流潇河流经的山西省晋中市榆次区修文镇，山西盛态源农牧有限公司基地70 hm²示范饲用小黑麦—青贮玉米生产模式（图4-31至图4-34），海拔在760~800 m，属于暖温带半湿润大陆性季风气候，年平均气温9.8℃，降水量418~483 mm，年日照时数2 662 h，无霜期158 d。

图4-31　饲用小黑麦生产

图4-32　青贮玉米生产

图4-33　饲用小黑麦收割

图4-34　饲用小黑麦干草打捆

第一年秋季夏作收割后，深耕土地，结合翻耕土地，施用牛粪1 m³/亩。10月中旬，表土耕作+播种一体化作业，品种为晋饲1号小黑麦，播种量10 kg/亩，播深3 cm，行距30 cm。饲用小黑麦耐逆性强，具有较强的杂草竞争能力。播前不施用除草剂，种子不拌种作业。第二年小黑麦拔节期间灌溉，以促进小黑麦茎秆延伸，提升产量；5月下旬小黑麦籽粒到了灌浆乳熟期开始收割，留茬10 cm；田间晾晒，待水分降低至18%以下，将小黑麦捡拾压制为草捆，运回草场堆放。

收获饲用小黑麦后，利用旋耕机将根茬翻耕灭茬，粗平整地面，6月上旬种植青贮玉米，播种时施用氮磷钾复合肥（N-P₂O₅-K₂O：28-16-6）40 kg/亩，播种密度设定为5 000株/亩。为了抑制杂草的萌生，播种时用除草剂封闭除杂。夏季雨水充沛，未进行灌溉作业。杂草生长弱，未中耕除草。9月底玉米籽粒进入蜡熟期，进行玉米收割贮制，调制为青贮饲料。

3. 饲用小黑麦—青贮玉米生产模式示范效果

示范田土壤结构良好、有机质含量丰富，加之施以厩肥牛粪为基肥，改土培肥效果良好，在春季拔节期灌溉的基础上，饲用小黑麦株高达到145.33 cm，鲜草产量可达2 795.78 kg/亩，干草产量达1 053 kg/亩，叶茎比为30.4%。

青贮玉米晚熟型龙生5号、金岭青贮67生产性能表现优秀，鲜草产量达到4 894 kg/亩，干草产量达1 382 kg/亩，是可以在>10℃积温超过3 500℃区域选择复种青贮的备选品种之一。而早熟型中原单32和中晚熟型金岭青贮17，鲜草产量分别达到3 980 kg/亩和3 797 kg/亩，干草产量分别达到1 199 kg/亩和1 126 kg/亩（图4-35）。

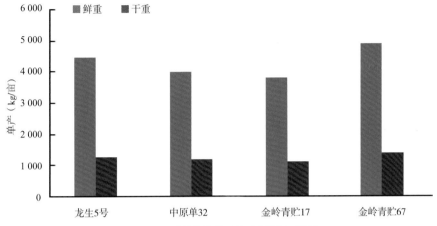

图4-35　不同品种青贮玉米鲜重与干重

对饲用小黑麦、龙生5号、中原单32、金岭青贮17、金岭青贮67的样品进一步分析其各种养分含量（表4-17），评价奶吨指数和奶亩指数，分析综合生产性能。利用Milk2006计算青贮玉米、Milk2013计算小黑麦的奶亩奶吨指数，小黑麦的奶吨指数高于龙生5号、中原单32和金岭青贮67，充分表明小黑麦从化学成分分析上，具有相当的优越性。虽然金岭青贮67的奶吨指数并非最优，但是奶亩指数均高于龙生5号、中原单32和金岭青贮17，可以选择金岭青贮67作为复播的首选品种（图4-36）。

表4-17　小黑麦和不同青贮玉米养分含量及产奶指数

项目	饲草				
	小黑麦	龙生5号	中原单32	金岭青贮17	金岭青贮67
粗蛋白（%）	10.60	8.80	9.13	9.08	9.99
淀粉（%）	—	25.72	20.73	37.22	24.11
酸性洗涤纤维（%）	35.33	30.00	30.32	20.75	29.64
中性洗涤纤维（%）	59.00	53.55	52.90	40.49	51.92
中性洗涤纤维消化率（%）	45.73	65.64	65.03	68.78	66.76
粗灰分（%）	4.37	7.89	8.21	6.89	9.54
粗脂肪（%）	2.51	1.78	1.61	2.56	1.76
奶吨指数	1 220	1 047	1 068	1 226	1 032
奶亩指数	1 286	1 318	1 280	1 381	1 426

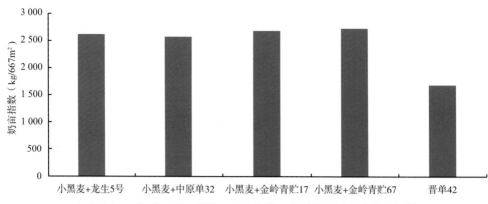

图4-36　小黑麦—青贮玉米周年生产模式与单作青贮玉米奶亩指数

与前期单作青贮玉米研究对比，晋单青贮42单作条件下，奶亩指数达到1 678 kg/亩，而饲用小黑麦+龙生5号、饲用小黑麦+中原单32、饲用小黑麦+金岭青贮17、饲用小黑麦+金岭青贮67复播生产模式的奶亩指数，分别可以达到2 603 kg/亩、2 566 kg/亩、2 666 kg/亩、2 711 kg/亩。与单作奶亩指数相比，小黑麦与青贮玉米复播分别提升奶亩指数55.14%、52.91%、58.89%、61.59%，体现了明显的优越性。

第五章

山西饲草加工技术及实践

第一节　苜蓿、燕麦干草加工技术及实践

干草是将青草或栽培青绿饲料的生长植株地上部分在未结籽实前刈割下来，经一定干燥方法制成的粗饲料，是草食动物最基本、最主要的饲料，生产实践中干草不仅是一种必备饲料，而且还是一种贮备形式，以调节青饲料供给的季节性淡旺，缓冲枯草季节青饲料的不足，干草可实现长时间保存和商品化流通，保证草料的异地异季利用。干草具有营养好、易消化、成本低、简便易行、便于大量贮存等特点，在草食家畜的日粮组成中干草越来越被畜牧业生产者所重视，将干草与多汁饲料配合饲喂奶牛，可增加干物质和粗纤维采食量，从而保证产奶量和乳脂率。新鲜饲草调制干草的方法和所需设备可因地制宜，既可利用太阳能自然晒制，也可采用大型的专用设备进行人工干燥调制，调制技术较易掌握，制作后取用方便，是目前常用的加工保存饲草的方法。

一、苜蓿、燕麦干草加工技术要点

（一）收获技术

1. 收获时间

收获时间应在品质、产量和株丛寿命之间寻找一个平衡点，以确保获得最大收益。苜蓿干草适宜的刈割时期为现蕾至初花期，适宜刈割的留茬高度为5～8 cm，适宜刈割的频度为3～4茬。燕麦干草适宜的刈割时期为乳熟期到蜡熟期（抽穗后30 d），刈割留茬高度10～12 cm。

紫花苜蓿收获时期越早，营养价值越高。现蕾期刈割每千克干物质中含消化能13.389 MJ，初花期收割时含消化能11.966 MJ，盛花期收割含消化能10.627 MJ，结荚期收割仅含消化能10.167 MJ。随着收获期的延迟，奶牛对苜蓿青贮的消化率降低，进食量减

少，造成产奶量下降。但刈割较早，水分含量高，亩产干物质低，非蛋白含氮物比例大，同时增加了田间凋萎的时间和苜蓿青贮调制的难度。研究发现，不同茬次的紫花苜蓿适宜刈割时期存在差异（表5-1），第一茬苜蓿适宜在现蕾期刈割，而二茬及之后茬次应延迟刈割，适宜在初花期至盛花期刈割，开始刈割时现花植株不超过10%，至刈割结束，现花率不超过30%。

表5-1　不同刈割茬次和时期紫花苜蓿营养价值比较

刈割时期	干物质含量（g/kg FW）	粗蛋白含量（g/kg DM）	中性洗涤纤维含量（g/kg DM）	酸性洗涤纤维含量（g/kg DM）	相对饲喂价值
第一茬					
现蕾期	214	204	322	228	206
初花期	237	189	368	259	175
盛花期	243	177	393	274	161
第二茬					
现蕾期	165	177	382	284	163
初花期	196	185	398	285	157
盛花期	226	178	416	309	146

春季是苜蓿品质和产量最高的时期，但在春季苜蓿的品质变化也较迅速。因此刈割时间要短，要保证在3～4 d收获完毕，延迟收获时间将会导致苜蓿品质的下降。夏季，苜蓿的品质变化缓慢，每次收割可在7～10 d内完成。一天内不同时间段收割也会影响苜蓿的品质，下午刈割苜蓿的品质最高，因而青饲利用时可选择在下午进行收获，但在调制干草时，如果是在干燥少雨的地区或季节内也可根据情况选在下午收获，如果在多雨或湿度较大的地区或季节，不要下午收获，因为充分利用白天的阳光使苜蓿尽快干燥可能对苜蓿的品质产生更好的影响。和上午刈割相比，由于延迟了干燥时间，细胞呼吸损失可能会增加，特别是在夜间高温的夏季，因此下午刈割难以补偿额外的干燥时间，对苜蓿干草的品质产生不利影响。

2. 收获机械

采用带有压扁装置的割草机收割苜蓿是保证苜蓿品质的重要措施。苜蓿在干燥过程中，由于茎秆的含水量高于叶片，导致干燥速度不一致，因而会使提前干燥的叶片大量脱落，从而对苜蓿的品质产生不良影响。采用压扁割草机（图5-1），在收割过程中可使茎秆压裂，破坏茎的角质层以及维管束，使之暴露于空气中，茎秆内水分散失的速度就可大大加快，基本上和叶片的干燥速度相一致。这样既缩短了干燥时间，又可以减少叶片脱落和日光暴晒时间，养分损失减少，干草质量显著提高，能调制成含胡萝卜素多的绿色芳香干草。

图5-1 苜蓿压扁收割机械

（二）加工调制技术

在抓好田间管理的各个环节之后，晾晒和打捆就成为生产优质干草的关键。晾晒方法很多，一般分为自然干燥和人工干燥法。受市场条件的限制，国内通常采用的干燥方法为自然干燥法。自然干燥法包括地面干燥和草架干燥，北方地区一般采用地面干燥法。先把刈割的鲜草在地面干燥0.5～1 d，使其含水量降至40%～50%，然后再用晒搂草机械进行合拢翻晒，晴朗天气下需要2～4 d即可晒干。因此，要根据天气预报安排刈割计划，尽量避开雨天。晾晒期间若遇雨天，会造成青干草发黄，进而影响其外观颜色和品质。要想成功调制出品质优良的干草，关键是要掌握正确的收获时间、收获方法、加工调制技术以及选择适宜的收获加工机械设备。

1. 苜蓿干草加工调制技术

苜蓿干草适合的干燥方法为压扁茎秆结合自然晾晒，适宜的打捆技术为田间捡拾为中低密度捆，适合的贮藏技术为根据含水量确定堆垛位置、方式和通风道走向。

苜蓿收割后经过自然晾晒，含水量下降到一定水平后才能捡拾打捆或青贮。加工干草时，收割后自然晾晒72 h左右，含水量降到20%以下即可打捆。晾晒过程中应进行搂草翻草，使牧草快速均匀干燥，尽量缩短晾晒干燥时间。干燥剂（2%的碳酸钾）与非离子表面活性剂（1%的聚乙二醇）联合喷洒苜蓿表面，能缩短其干燥时间8 h，粗蛋白含量提高3.92%，降低蛋白质损失20%左右。干燥剂（1%的乙酸钾）与阴离子表面活性剂（2%十二烷基硫酸钠）喷洒豆科牧草表面，能缩短苜蓿干燥时间8 h以上，提高粗蛋白含量1.94%，相当于降低蛋白质损失10%左右，增加蛋白质产量60 kg/亩以上。

为了便于运输贮存将用散干草加工成草捆，草捆加工主要有田间捡拾行走作业和固定作业两种方式，形状主要有方形和圆形两种，每种草捆又有大小不同的规格。

草捆加工的关键技术是控制好打捆时的牧草含水量，含水量太低时捡拾打捆过程容易造成大量叶片脱落，干草品质下降，含水量太高时打捆容易造成发热或霉烂，同样降低牧草质量甚至导致家畜生病。合适打捆时的牧草含水量要综合考虑牧草种类、成熟期、天气状况以及期望的草捆贮存期限等因素来决定。通常干草的含水量在17%～22%时开始打捆，草捆密度在200 kg/m³左右，打捆后不需在田间晾晒，贮存期间逐渐干燥到安全含水量15%以下。有时为了减少落叶损失，可在含水量较高（22%～25%）的条件下开始打捆，这时要将草捆密度控制在130 kg/m³以下，并且打好的草捆在天气允许的情况下应留在田间继续干燥，待草捆含水量降至安全标准，再运回堆垛贮存。为了减少捡拾压捆时干草的落叶损失，捡拾压捆作业最好在早晨或傍晚空气湿度较大时进行。但是清晨露水较多及空气湿度太高时都不宜进行捡拾打捆作业，否则容易造成草捆发霉。

小方草捆是由小方捆捡拾打捆机将田间晾晒好的含水量在17%～22%的牧草捡拾压缩成的长方体草捆，草捆密度一般为120～260 kg/m³，草捆重量为10～40 kg，截面尺寸为（30 cm×45 cm）～（40 cm×50 cm），长度0.5～1.2 m。

为了减少劳动量可以将散干草加工成大草捆（图5-2），一般大圆草捆从收获到饲喂的人工劳动量仅为小方草捆的1/3～1/2。为保证大草捆的质量，打捆前刈割晾晒要做到适时收割，尽快干燥。带压扁刈割，适当翻晒，最好在含水量30%左右时搂成草条继续干燥。由于大草捆多在露天及开放式草棚下存放，且密度一般低于小草捆，打捆后干燥较快。因此，为避免含水量太低时打捆造成过多的落叶损失，大草捆可在含水量较高时打捆，但也不能过高，否则会使草捆发霉、腐烂。大圆草捆打捆时的适宜含水量根据天气状况和贮存方式而定，一般为20%～25%。

图5-2 苜蓿干草大方草捆和圆草捆

2. 燕麦干草加工调制技术

燕麦调制干草时，最适收获期应在乳熟到蜡熟期间（抽穗后30 d左右），此时干物质积累最高。刈割时未采取压扁措施的燕麦草，须平铺为10～15 cm厚度摊晒，在含水量下降到50%后，每隔3 h翻动一次，使鲜草快速干燥；一次性完成刈割、压扁、摊晒的可不翻动。燕麦刈割后晾晒3～5 d，待含水量降到14%～16%进行捡拾打捆。

将燕麦散干草加工成草捆的加工方式、形状、草捆大小同苜蓿草捆。

二、苜蓿、燕麦干草加工技术实践及效果

（一）优质苜蓿干草加工技术实践及效果

优质苜蓿干草加工技术是苜蓿提质增效的关键技术之一，各地在苜蓿产业链上做了许多实践，在苜蓿产业带12个省区集成示范19.14万hm²，苜蓿干草平均产量由300～400 kg/亩提高到了500～1 000 kg/亩；收获过程中的田间损失由20%以上，下降到10%左右；储藏损失由10%～15%下降到5%～8%；平均粗蛋白含量为由13%～16%上升为15%～20%；干草品质等级由三级产品占80%以上，提升到了一级产品占30%左右，二级及以上产品超过70%。

（二）优质燕麦干草

优质燕麦干草的可溶性碳水化合物含量和纤维消化率均较高，是国内规模化奶牛养殖场常用的饲草。但是，国产燕麦干草产量和品质偏低问题，一直是制约其大面积推广应用的瓶颈问题。在"十三五"期间，我国各地通过饲用大麦+燕麦复种种植技术、一年生禾本科+豆科牧草混播高产栽培技术、"三闲田"饲用燕麦种植模式等关键技术的研发与示范推广，大幅度提高了国产燕麦干草的产量和品质。燕麦干草平均产量由400 kg/亩提高到了667 kg/亩左右，采取两茬种植模式干草产量甚至可以达到1 200 kg/亩。

第二节　苜蓿青贮技术及实践

紫花苜蓿作为草食动物最重要的优质粗饲料，苜蓿草产品主要是干草，但是大部分地区苜蓿干草调制过程中由于雨淋、落叶等损失率在30%左右。在我国苜蓿主产区由于降雨与热量同期，苜蓿收获季节正值雨季，苜蓿遭雨淋的损失概率很高，难以晒制成优质干草，雨季草产品加工调制技术问题一直是制约苜蓿草产业优质高效发展的瓶颈。饲草青贮技术作为保障畜牧业生产的重要技术措施，已成为当前我国解决雨季苜蓿草产品加工调制的有效技术措施。

一、苜蓿青贮技术要点

苜蓿青贮技术就是在苜蓿现蕾至开花期刈割，晾晒到含水量为50%～60%，捡拾切碎后添加专用添加剂，一般装窖或打捆裹包进行厌氧发酵30 d以上即可饲喂。

（一）调节水分

在现蕾至初花期收割苜蓿，将苜蓿含水量控制在50%～60%是调制优质青贮饲料和确保青贮饲料发酵品质的关键环节。

晾晒萎蔫是最常用的一种水分调节措施。苜蓿刈割后，在田间进行晾晒24～36 h至萎蔫，使苜蓿的水分降到最适宜青贮的含水量。苜蓿刈割后在田间晾晒时间应根据刈割后的含水量和当地的天气条件而定，晾晒时间越短牧草营养损失越少。也可以喷洒碳酸钠和碳酸等干燥剂，使牧草含水量达到青贮要求。还可以在苜蓿收割切碎后添加干物质含量较高的玉米粉、糠麸等，通过增加干物质来调节原料的水分，使青贮原料的含水量达到青贮要求的含水量。

苜蓿含水量是青贮是否成功的主要条件之一，水分判断是苜蓿青贮的重要技能。田间经晾晒凋萎的苜蓿含水量的判断方法是抓一把切碎的苜蓿用力攥握30 s，然后将手慢慢放开，观察汁液和团块变化情况：如果手指间有汁液流出，表明原料含水量高于75%；如果团块不散开，且手掌有水迹，表明原料含水量在70%～75%；如果团块慢慢散开，手掌潮湿，表明原料含水量在60%～70%；如果原料不成团块，而是像海绵一样突然散开，表明原料含水量低于60%。可在实验室用烘箱或微波炉测定苜蓿的含水量。

（二）捡拾切碎

田间晾晒后水分含量达到50%～60%时，用搂草机集成草条，然后用克拉斯JAGUAR 800/900系列或纽荷兰FR 500/FR 600/FR 9000系列，或约翰迪尔7000系列收割机捡拾切碎，运草车运到打包地点打捆裹包，或装窖青贮。集草时应注意草条宽幅应与捡拾割台宽幅一致，集草时不能把尘土等杂质带入草中。牧草切得越碎，青贮时的青贮密度越大，发酵品质也就越好，苜蓿适宜的切碎长度1～2 cm。

（三）添加添加剂

苜蓿糖分含量低，水分高，缓冲度大，原料乳酸菌含量少，有害菌比例大，因此苜蓿青贮发酵进程慢，稳定性差，并伴有过多的呼吸、发热和渗液等，导致青贮质量下降。通过添加添加剂影响微生物的生长，可以使青贮饲料充满有益菌、酶，从而促使其向快速、低温和低损失的发酵过程转变。常用的青贮添加剂按作用效果可分为5类：发酵促进型添加剂、发酵抑制型添加剂、好氧性变质抑制剂、营养性添加剂、吸收剂。苜蓿青贮添加剂一般分为发酵剂和抑制剂两类，发酵剂主要是乳酸菌及酶，以增加乳酸菌的数量和生长速度，利于青贮快速消耗氧气缩短植物的有氧呼吸时间、增加青贮的营养价值、增加青贮的有氧稳定性，实现快速发酵和降低pH值的目的；窖贮时青贮窖的底面、侧面和表面一般应喷洒抑制剂，如丙酸或丙酸铵等，以减缓微生物的生长活性。青贮添加剂的添加量以每克鲜草中添加的菌群数（cfu）计，要求最少为1×10^5 cfu，一般cfu值越大，发酵效果越好。

（四）拉伸膜裹包青贮

拉伸膜裹包青贮是牧草收割后，利用专用设备进行高密度压实打捆，然后通过裹包机用青贮专用拉伸膜裹包，创造密闭厌氧发酵环境，最终完成乳酸发酵过程的一种新型青贮技术（图5-3）。由于拉伸膜裹包青贮密封性好，提高了乳酸菌发酵环境的质量，很好地保存了饲料营养成分；裹包青贮霉变损失、流液损失和饲喂损失极少，仅5%左右，而传统青贮损失达20%～30%。由于压实密封性好，不受季节、日晒、降水和地下水位的影响，可露天堆放1～2年；草捆密度大、体积小、包装适当，便于运输配送和商品化，能满足大中型牧场及个体养殖户等不同层次的需要。

图5-3　自走式拉伸膜裹包青贮及固定式拉伸膜裹包青贮

拉伸膜裹包青贮包括适时收割、水分调节、切碎打捆、裹包、堆放储存等5个关键环节。苜蓿裹包青贮最理想的打捆含水量为50%～60%，若裹包苜蓿青贮饲料用于商品化生产，则打捆时含水量在45%～55%为宜。生产实践中一般以圆柱体草捆为主，草捆密度以650 kg/m³为宜。打捆的同时按事前计算好的添加剂用量均匀喷洒添加剂。打好的草捆应在当天用裹包机迅速裹包，草捆用打捆专用绳捆好，裹包拉伸膜4～6层，裹包机的转盘转速控制在30圈/min，拉伸膜的覆盖率为50%，拉伸率为250%～280%。裹包好的草捆用草捆自动捡拾机、叉车等专用机械装车、搬运、堆放。裹包好的草捆运送并堆放在地势高燥、取运方便的地方，捆包应卧放，堆积高度不超过2层，注意防晒、防雨雪，防止鼠害、鸟害。应按照不同批次分别堆放，存放过程中应尽量减少搬运次数，避免拉伸膜破损。在裹包生产、运输和堆放过程中，拉伸膜一旦破损，应及时用高黏度塑料胶带进行粘补。裹包的苜蓿青贮草捆，在适宜的温度下，4～6周即可完成发酵过程。

（五）窖贮（堆贮）

窖贮是将收割切碎的牧草分层装填到青贮窖、青贮壕等青贮设施内并压实、密封，创造厌氧发酵环境，完成乳酸发酵的青贮饲料调制方式（图5-4）。窖贮是我国广大养殖场普遍采用的青贮方式。青贮窖一般根据地形建成半地下式、半地上式、地上式；一般为长条形壕状，切面为倒梯形；青贮窖一般用砖、石、水泥建为永久窖，三面砌墙，地势低的一端敞开，以便于车辆运取饲料。窖贮技术包括青贮前准备、适时收割、水分调节、切碎、装窖压实、密封覆盖6个关键环节。适时收割、水分调节、切碎环节与拉伸膜裹包青贮相同。

图5-4　苜蓿窖贮（堆贮）

二、苜蓿青贮技术实践及效果

（一）朔州市山阴县裹包青贮技术示范

2020年朔州市山阴县骏宝宸农业科技股份有限公司进行了苜蓿裹包青贮技术示范。收割后自然晾晒24 h左右，当苜蓿含水量降到60%左右时，用克拉斯850或870（307 kW）捡拾机捡拾切碎（图5-5），运到打包场地用ORKEL-MP 2000打包机打成大圆捆（草捆直径120 cm，长120 cm，密度650 kg/m³），打包时均匀喷洒健源生物青贮宝青贮菌剂（4 g/t）和糖蜜（2.5 kg/t），用牧草青贮专用拉伸膜裹包，拉伸膜之间重叠50%，包膜8层以上（图5-6）。

图5-5　捡拾切碎

图5-6 苜蓿裹包

裹包好的青贮包用曼尼通MLT-X 735多功能牧草捡拾叉车夹包就近运送到贮草棚进行堆放,采用竖式两层堆放贮藏的方式(图5-7),堆放及转运过程中发现破损包应及时采用宽幅防水胶带进行修补。裹包后的苜蓿经过8~10周完成发酵形成青贮饲料,在青贮饲料发酵贮藏过程中,应经常检查青贮裹包的完好度和密封度,防止薄膜破损、漏气及雨水进入,在堆放管理过程中注意防止虫、鼠和鸟类等为害。

图5-7 裹包苜蓿青贮产品

(二)大同市天镇县堆贮青贮技术示范

2020年大同市天镇县千叶牧草科技有限公司进行了苜蓿堆贮技术示范。在避开主风向且拉运车辆卸料方便的硬化场地,地坪要求高出地面15~20 cm,混凝土厚度不低于30 cm,地面坡度2°~3°进行堆贮。贮前培训人员、备好物资及机械、清扫场地,待地面干燥后,用1:3巧酸霉溶液进行喷洒杀菌、消毒、防腐,最好横向和纵向喷洒2~3遍。拉运前对拉运车、压实设备清洗消毒,防止污染。

图5-8　苜蓿堆贮运输和压窖

运草车运送原料（图5-8），随后进行摊草、压窖。摊草厚度每层最高不超过20 cm，压窖要匀速碾压，横向和纵向来回碾压，要注重中部和边缘的压实，压实密度鲜重>650 kg/m³。采取分段压窖分段覆盖，从窖的一头或从中间向两头压窖。用0.05～0.08 mm厚的隔氧膜OBP覆盖内膜黑色面朝上白色面朝下，用0.12 mm厚的黑白青贮膜黑色面朝下白色面朝上（图5-9）。覆盖后用轮胎逐个压盖排尽空气并留边以便与下次覆盖的膜衔接，覆盖至地面的膜边延伸段用土或沙压盖并加盖轮胎。

全部堆贮结束后，检查覆膜是否有破损，如有破损要及时用胶带修补密封。封窖4周（1个月）之后，发酵基本完成，可开窖取用。

图5-9　覆盖、密窖

第三节　全株玉米青贮技术及实践

全株玉米青贮技术是将带穗的玉米经切碎、压实、密封等一系列的工艺工程，形成密闭厌氧环境，通过乳酸发酵，降低饲料pH值，从而达到抑制微生物活性、长期保存青绿饲料营养的一项技术。青贮玉米品种是指可以作为青贮玉米制作的玉米品种。通常适合用于制作全株玉米青贮饲料的有粮饲兼用青贮玉米、专用青贮玉米与饲草型青贮玉米。

粮饲兼用青贮玉米既可在成熟期收获籽粒，用作粮食或配合饲料，具有玉米籽粒产量高、全株淀粉含量高（35%左右）、中性洗涤纤维含量较低（40%以下）的优点，又可在乳熟期至蜡熟期内收获包括果穗在内的整株玉米，用作青饲料或青贮饲料，具有较高的干物质产量和较好持绿性的特点。专用青贮玉米的籽粒产量和全株淀粉含量（25%~35%）较低，但全株单产干物质质量高，持绿性好，中性洗涤纤维含量一般为36%~45%。饲草型青贮玉米穗小，籽粒很少，晚熟，植株高大，持绿性好，但全株淀粉含量一般低于15%，中性洗涤纤维含量一般高于55%，可在农牧交错和南方大部分地区种植，可作为青绿饲料直接饲喂，粉碎打浆加工处理后亦可部分饲喂猪、鸡等单胃动物。

一、全株玉米青贮技术要点

全株玉米青贮技术包括高效种植技术、收获技术和青贮技术。

（一）全株青贮玉米高效种植技术

高产优质玉米种植技术较为成熟，本章只对区别于粮用玉米的种植技术进行叙述。青贮玉米与收获籽粒的粮用玉米不同，干物质含量30%~40%时是青贮玉米的适宜收获期，干物质含量35%时是青贮玉米的最佳收获期，因此选择在蜡熟期干物质含量为35%的抗逆性强、适宜性广的品种。

高密度种植有利于提高青贮玉米的产量，但是同时也会导致干物质含量下降、果穗变小和晚熟，从而降低青贮玉米的品质。根据气候条件、土壤肥力、品种特性、播种量、管理水平等多方面因素确定合理种植密度，同普通玉米相比青贮玉米种植密度可提高500~1 000株/亩，最佳种植密度为5 000~6 000株/亩。

青贮玉米春播时间为4月中下旬至5月上旬，夏播为6月上旬。播种深度一般以4~6 cm为宜，播种行距应与青贮玉米收割机的收割宽幅相匹配。多采用精密播种方式，机械可以分为气力式精密播种机（图5-10）和机械式精密播种机（图5-11）。

图5-10　气力式精密播种机　　图5-11　机械式精密播种机

（二）全株青贮玉米收获技术

适期收获是调制优质青贮饲料的基础。实际生产中要根据需要，因地制宜，适时收割。全株玉米青贮的最佳收割期为蜡熟期即乳线出现在1/2~3/4处，此时干物质含量为30%~35%，淀粉含量也处于较高的水平。也可以根据青贮玉米植株含水量判断收获期，用植株含水量为65%~70%的青贮玉米制作的青贮饲料，非常适合长期保存。如果收割时全株玉米的含水量在70%以上，不仅降低了青贮玉米的产量，同时由于汁液的流失，会造成养分的损失、使青贮玉米的酸度增加，导致奶牛干物质采食量的下降。如果植株含水量低于60%，青贮玉米不易压实，导致乙酸菌繁殖慢、酸度低，杂菌生长快，容易引起发霉变质。

随着玉米籽粒灌浆和成熟度的提高，全株鲜产量及蛋白质含量有所下降，但乳熟后期至蜡熟前期（1/2乳线至3/4乳线）全株具有较高的干物质和蛋白质总量，水分含量在65%~70%，是制作青贮的最佳时期（图5-12）。

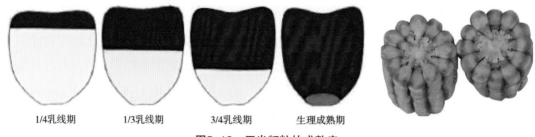

| 1/4乳线期 | 1/3乳线期 | 3/4乳线期 | 生理成熟期 |

图5-12　玉米籽粒的成熟度

根据牧场规模大小选择适宜的收割机械和切短器械，全株青贮玉米的最适切割长度一般为1~2 cm。切割长度越短，干物质含量越高（表5-2）。

表5-2　玉米青贮切割及籽粒破碎推荐标准

干物质含量（%）	切割长度（mm）	籽粒破碎（mm）	分级筛上层比例（%）
<27	17	N	17
28~31	11	2	15
32~35	9	1	10
>	5	1	8

全株玉米青贮收获时最佳的留茬高度一般为15~20 cm，如果留茬过高会降低青贮玉米产量；留茬过低会混入较多的泥土，造成腐败，影响青贮玉米养分含量和消化率。

全株青贮玉米收获是利用联合收获机械在田间一次性完成收割、粉碎和抛送等工作，用翻斗车或卡车运送到场地进行青贮的方式为一体化收获。全株青贮玉米原料收获后，青贮玉米的切碎长度应控制在1~2 cm。长度太长不容易压实，长度太短家畜食用后可能会出现酸中毒和腹泻等症状。一般饲喂牛的切碎长度不宜超过2 cm，饲喂羊的切碎长度不宜超过1 cm。

破碎后的玉米籽实，有利于增加全株玉米青贮的压实度，利于提高玉米淀粉利用率，更加易于消化，有利于动物的吸收。如果玉米籽粒破碎不完全，就会对全株玉米青贮的发酵品质和动物的消化利用产生影响，所以全株玉米在青贮时一定要进行籽粒的破碎，经过破碎的全株玉米青贮淀粉消化率最高可达到95%以上。因此，必须选择带有籽粒破碎装置，且每粒玉米至少破碎为4瓣的全株青贮玉米联合收割机械或切碎机械。

（二）全株玉米青贮调制加工技术

1. 青贮收割加工机械

选择全株玉米收获机械时要求在收获时切割整齐且必须带有籽粒破碎装置，而且籽粒破碎度至少达到70%，同时可以高效率完成收割、切碎、装载等多项工作的青饲料联合收割机。可以根据地块的大小选择适宜青贮玉米收割加工的机型，一般大面积地块选择进口机型，小面积的地块选择国产机型。规模化的养殖场可以选择使用大型的联合收割机，小规模的可以选择铡草机。青贮收获机型号很多（表5-3、图5-13至图5-17），根据其作业功率的大小分为大、中、小3种类型（李源，2021）。

表5-3 青贮收获机械性能

收获设备类型	功率 （马力）	割幅宽度 （m）	收获速度 （亩/h）	收获量 （t/h）	运载车次 （辆/h）
鑫农9QZ-2000	120	2.4	10	30	1
美迪9QZ-2900	160	2.9	10	30	1
纽荷兰FR9040	330	3.5	30	90	3
克拉斯JAGUAR800	299	4.5	60	200	7
科罗尼IGX480	360	4.5	60	216	8

图5-13 自走式青贮收获机

图5-14 牵引式青贮玉米收获机

图5-15　塔式转盘玉米割台

图5-16　往复式玉米割台

图5-17　背负式青贮收获机

拉伸膜裹包青贮器械是将揉搓机揉搓后的玉米秸秆一次性完成秸秆打捆、包膜作业，工作效率较高的一类器械（表5-4、图5-18和图5-19）。但是这类器械的要求比较高，要求操作人员需熟练掌握相关技术，如适时调整主机与打捆机的连接位置、检查绳子是否因为质量问题被缠绕、调整捆绳圈数及入绳的长度等。

袋式灌装青贮机械是应用专用设备将切碎的青饲料以高密度、快速水平压入专用拉伸膜袋中，运用电子泵将袋中空气泵出，利用拉伸膜袋的阻气、遮光功能，为乳酸菌提供发酵环境而进行青贮（图5-20）。制作袋式灌装青贮机械化程度较高，可快速完成青贮制作过程，但要注意防范袋子破损，如发生破损现象，青贮品质会受到不良影响。

表5-4　裹包青贮的主要类型及其制作所需主要机械

类型	主要机械
装袋式裹包青贮	圆捆机
缠裹式裹包青贮	打捆机、缠裹机
堆式大圆草捆青贮	大圆捆机
方捆黄贮玉米秸	方捆机和高密度压捆机

图5-18　固定式包膜机

图5-19　行走式包膜机

图5-20　袋式灌装青贮机械及袋装青贮

　　选用自走式联合收割机刈割玉米植株时，需选择相应的拖拉机将切短的饲料运输至青贮池内。小规模的养殖区常常将整株原料运输至青贮窖旁进行切碎加工，因此对运输车辆要求较低，但需要在青贮窖旁装有供电切碎装置，对青贮原料进行铡切后再填装。

　　青贮制作过程中，需要用拖拉机或铲车快速将切碎的青贮压实（图5-21），然后再进行密封。实际操作经验表明，四轮拖拉机压实效果较好，但要注意青贮窖边角位置的青贮压实操作。

图5-21　铲车压实青贮

2. 青贮添加剂

青贮发酵过程是一个由有氧呼吸、厌氧发酵、稳定阶段和有氧腐败等阶段构成的动态变化的过程，在制作过程中添加青贮添加剂来保障青贮发酵的成功。适宜的添加剂可以有效缩短有氧呼吸阶段和有氧腐败的时间，从而得到优质的青贮。根据作用添加剂可以分为发酵促进剂、不良发酵抑制剂、营养性青贮添加剂、吸附剂等4类。我国市场上常用的玉米青贮添加剂，主要分为微生物添加剂、酶制剂、发酵抑制剂和发酵促进剂等。

发酵促进剂主要有乳酸菌接种剂和酶制剂2类。在全株玉米青贮过程中添加乳酸菌制剂是为了加快发酵进程，快速产酸和降低pH值，还能有效抑制有害杂菌的生长，减少蛋白质等营养物质损失，改善适口性，提升青贮饲料营养价值。乳酸菌可分为同型发酵和异型发酵两类，同型发酵产物全部为乳酸，异型发酵产物为乳酸、乙酸、丙二酸、乙醇和CO_2等物质。在青贮玉米发酵早期，同型发酵乳酸菌成为优势菌，降低pH值，抑制其他有害菌的生长，但是乙醇、丙酸等能提高青贮饲料的有氧稳定性，因此在生产中建议购买复合型乳酸菌菌剂，每克青贮饲料上附着的乳酸菌落应在1×10^5 cfu以上。酶制剂主要有淀粉酶、纤维素酶、半纤维素酶和果胶醇等酶制剂。当全株青贮玉米收割较晚、原料纤维素含量偏高时，添加酶制剂可以提高青贮玉米原料中水溶性碳水化合物（WSC）的含量，减少梭菌对纤维素等难降解成分的利用，刺激乳酸菌的发酵，使其快速产酸降低pH值，从而降低氨态氮和丁酸的含量，但酶制剂使用量和添加成本比较高，推广应用范围有限。

发酵抑制剂包括甲酸、丙酸等有机酸或其盐，添加达到快速抑制大肠杆菌、酵母菌和霉菌等微生物的生长。甲酸可以部分抑制青贮中有害微生物的发酵作用，从而提高青贮质量，但是在空气中容易氧化；青贮中添加甲酸能够降低pH值和抑制有害微生物的生长，但是当pH值过低时，也能抑制乳酸菌的生长，还能增大WSC的含量和乙醇的含量，增强青贮饲料有氧稳定性；一般用量为100 kg鲜草用8 L 85%的甲酸20倍稀释液。丙酸可以抑制酵母菌和霉菌的生长，从而提高有氧稳定性；但丙酸只能抑制真菌生长，在使用过程中最好配合苯甲酸盐、乙酸、乳酸菌等其他添加剂一同使用，更能提高青贮效果；丙酸用量为 1 m³青贮加1 L，直接喷洒。

营养添加剂如尿素、氨水、糖蜜等可增加粗蛋白或糖类含量，但尿素和氨水的气味会影响适口性，因此在现代饲草生产中使用较少。糖蜜可以提高青贮的发酵速度，但是糖分的增加也为竞争细菌提供了营养底物，如果原料夹带泥土的话，就会促进产生丁酸的梭菌繁殖，存在的多余糖分会在取用期间导致较低的有氧稳定性。

2020年，我国开始全面禁止饲用抗生素的利用。近年，中草药、蒙药植物等传统药物尝试用作吸附型青贮添加剂，不仅可以改善饲草青贮品质，提高营养成分，而且有利于提高家畜的抵抗力和免疫力，为畜牧业的安全生产乃至全民健康服务。

3. 全株玉米青贮调制加工技术

全株玉米青贮方式需要根据青贮种类、饲喂动物种类、养殖场规模分为窖贮、堆贮、裹包青贮和袋装青贮等。青贮场地应选在地势高燥，排水容易，地下水位低，取用方便的地方，再根据当地现有的条件及适宜程度，选择合适的青贮设施，将其中的杂物铲除、清扫干净、拍打平整后才可以使用。

全株玉米青贮制作时应遵循随收、随运、随切、随装的原则（陈晓等，2020），在向窖中投入原料时，中间原料的高度一般低于窖壁附近的原料高度，这样便于压实，然后逐层装填青贮料，每层15~20 cm厚，采用大型轮胎式机械，将原料以楔形方式一层一层压实，窖的四周一定要多压几遍，压实密度要高于700 kg/m³。压实密度越高，青贮中霉菌含量就越少，有氧稳定性越好，青贮发酵品质越优（表5-5）。窖贮的最后关键一步是密封，一般小型青贮窖建议1 d之内装填完成，中型青贮窖建议2~3 d完成，大型青贮窖尽量不要超过4 d。

防止气体、光照、雨雪的影响。青贮窖封窖用塑料膜或帆布覆盖后，用旧轮胎在上面进行压实，再用沙袋将窖壁边缘夯实，使覆盖膜在窖壁边稍微凹陷，使之和青贮料表面密切接触，同时排出料内气体，减少青贮料的损失。另外，在窖壁边缘也可以用塑料膜隔离，防止渗水漏气。从密封时间对青贮玉米发酵品质的影响结果（表5-6）可以看出，延迟密封会降低青贮中发酵底物（WSC）的含量，及时密封后的青贮品质更好。

表5-5　青贮玉米原料压实密度（以干物质计）

指标	松散（195 kg/m³）	紧实（225 kg/m³）
乳酸（%，干物质）	4.64	4.41
乙酸（%，干物质）	1.69	1.60
酵母（log cfu/g）	3.92	4.05
霉菌（log cfu/g）	3.97	3.73
有氧稳定性（h）	27.5	31.0

引自：Adesogan（2006）. How to Optimize Corn Silage Quality in Florida.

表5-6　密封时间对玉米青贮饲料品质的影响

密封条件	及时密封	延迟密封24 h	延迟密封48 h
干物质（g/kg）	335.0	380.0	395.0
pH值	3.8	4.6	4.9
水溶性碳水化合物（g/kg）	16.8	11.4	1.4

注：Arbabi et al.，2009.

选择背风向阳、土质坚实、地下水位较低、家畜舍较近、制作和取用青贮饲料方便的地方可以地面堆贮，地面堆贮操作简单、方便省力，成本低，贮存量大，经济收益高；缺点是难压实，与空气接触面积大，干物质的损耗大，保存时间短。地面堆贮最好将地面硬化，修建时要有一定的坡度，比周围地面高10～20 cm，先用混凝土制作15～20 cm厚的底层，再在混凝土上用水泥抹平并做防水处理，并在水泥地面的周围挖排水沟，保证周边不积水。选用0.2 mm厚、无毒的聚乙烯薄膜或乙酸乙酯薄膜等铺在地面上，薄膜的长度要比青贮堆的边长长2 m。将铡好的青饲料堆在塑料薄膜上，每堆30 cm厚度，将拖拉机开上去压实、压平。大的青贮堆一般高2～3 m，长30～40 m，宽2～10 m，容量为800～1 400 m³；小的青贮堆一般容量在100 m³以下。完成堆贮后，在青贮堆的四周用适宜的材料压紧，如废旧车轮胎、沙袋和土袋等，定期进行检查薄膜有无破洞。地面堆贮后一般发酵50 d，即可开封取用，取用时应从一侧打开取用，不宜整体暴露在空气中。

青贮窖建设时考虑容量，每头成年奶牛按照7 000 kg/年的储量设计，每立方米青贮窖储存青贮饲料750～800 kg。以100头牛为单位需要贮藏全株玉米青贮饲料934 m³［7 000 kg/（头·a）×100头÷750 kg/m³=934 m³］。同时，为避免第二年青贮饲料出现青黄不接的现象，应该在此基础上增加50%～100%，青贮窖总容量为1 400～1 870 m³。青贮窖的高度一般为4 m，宽应根据每天青贮的取用量决定，要求每天必须整平面取料推进至少50 cm厚。因此，青贮窖的宽度不应过宽，养殖量在100头以内的牧场，青贮窖宽5～6 m，100头以上可以适当加宽，不超过10 m，避免过宽，青贮饲料暴露时间过长，引起二次发酵。长度根据宽度和高度计算，长度=总容量÷（宽度×高度）。青贮窖的数量根据青贮饲料的生产能力确定。必须保证在5～7 d制作完成一窖青贮，如果青贮窖过大，制作青贮饲料时间超过15 d，青贮饲料将腐败变质。青贮窖建设最好采用地上式（图5-22），半地下和地下式应该被淘汰。半地下和地下式青贮窖因青贮饲料开始取用后，出现空缺，下雨导致雨水进入，引起青贮饲料腐败变质，并且半地下和地下式青贮窖投入成本更高（需要开挖土方）。青贮窖应选择地势高、土质坚实的地方，并处于牛场上风向。青贮窖地面朝外有2%坡度，或中间及窖边设置排水沟。窖壁最好采用钢筋混凝土建设。

高4米

每立方米750～800 kg
根据养殖规模确定青贮窖的大小

图5-22 合理建设青贮窖（地上式青贮窖）

袋式灌装青贮又称香肠青贮，是将切短后的玉米原料直接压缩至特制的塑料袋中制作的青贮，操作简便，可降低青贮二次发酵的可能性，适于机械化生产；青贮玉米的收割不可过晚，否则木质化程度过高，容易刺破包装袋；另外，鸟啄、鼠害等外界条件会导致袋子破损，影响青贮的品质。根据塑料袋的容积，袋式灌装青贮可分为大塑料袋青贮和小塑料袋青贮两类，小塑料袋青贮又分为小袋散装青贮和小袋捆装青贮。采用专用的青贮袋、化肥袋或无毒的农用塑料袋来进行小塑料袋青贮，要尽可能均匀压实原料，抽出袋内空气，保证原料密度，用细绳将袋口扎紧，防止划破，扎紧袋口，堆放在畜舍附近，以便使用。大塑料袋青贮是由灌装机的输送器将铡好的原料送入进料斗，最后将原料装入套在灌装口的青贮袋内，进料速度宜保持适中，以保证原料的均匀装填。袋装青贮装好后要堆积在防风、避雨、避光、不易遭受损坏的地方，注意防止鼠害和鸟害。

拉伸膜裹包青贮是将收割切短后的全株青贮玉米用捆包机进行高密度的压实打捆，用专用塑料拉伸膜紧紧地包裹在草捆上。将全株青贮玉米切碎，长度为2～3 cm，籽实破碎率≥80%，再用专用打捆设备将切短后的全株玉米原料进行高密度压实、缠网、打捆，密度达到650～850 kg/m³。为了防止草捆过重而不易搬运，一般草捆的直径为0.6～1.8 m，长度为120～150 cm。调整裹包机转速，不可太快或太慢，不能漏包或重包，保证紧密不漏气。裹包作业时，拉伸膜的厚度一般为0.025 mm，拉伸比范围为55%～70%，裹包时包膜层数为4～8层，裹包时拉伸膜必须层层重叠50%以上，裹包2轮；如果裹包6层，则需要裹包3轮。需要注意的是，草捆需要在24 h内完成裹包，天气炎热潮湿地区最好在4～8 h内打捆，以防霉变和热损害。裹包好的全株青贮玉米青贮饲料需要运送到地面平整、排水良好、没有杂物和其他尖锐的东西的贮放地进行堆放，堆放、转运、取用过程中发现破损包应及时进行修补。

二、全株玉米青贮技术实践及效果

朔州市山阴县骏宝宸农业科技股份有限公司是一家以牧草种植加工和农业社会化服务为主的草业龙头企业，在山阴县种植和服务苜蓿0.13万hm²、青贮玉米0.24万hm²；在右玉、左云建设0.067万hm²青贮玉米、燕麦草种植基地；在运城临猗和长治屯留分别建设2个万吨牧草基地。目前已具备加工裹包青贮苜蓿5万t、全株玉米青贮10万t、高湿玉米2万t、燕麦草5 000 t、揉丝秸秆2万t的生产能力。

通过测土施肥，增施有机肥，机械深松，深耕细耙，精量密植播种，6 500株/亩，株距18.5 cm，大行距80 cm，小行距40 cm，播种深度5 cm，播种时深浅一致，覆土均匀，适度镇压。在青贮玉米12～13片叶时将芸薹素内酯与枯草芽孢杆菌按比例喷施青贮玉米叶面；在青贮玉米大喇叭口前将芸薹素内酯、磷酸二氢钾和尿素按比例喷施青贮玉米叶面；在青贮玉米抽穗授粉后将磷酸二氢钾和尿素按比例喷施青贮玉米叶面。在田间布置滴灌带，在青贮玉米12～13片叶时（第一次叶面施肥之后）随着滴灌加入水溶肥施入玉米根部。在青贮玉米播种后出苗前喷施异丙甲草胺封闭杂草；在青贮玉米出苗后喷施烟嘧硝磺莠；在喷施叶面肥期间喷施哒螨螺螨酯预防红蜘蛛为害。青贮玉米的最适收获期为乳熟末期至蜡熟初期，全株含水率平均为65%～70%，干物质含量达到30%以上。采用专用打捆设备将收割好、经过筛选和处理后的全株青贮玉米原料进行高密度压实、缠网、打捆，草捆的尺寸为1.2 m×1.0 m，打好的草捆立即用专用裹包机将青贮专用拉伸膜紧紧地把草捆裹包起来。露天竖式两层堆放贮藏的方式，堆放及转运过程中发现破损包应及时进行修补。

全株青贮玉米实施裹包青贮，成本费用为2 009元/亩，其中土地租赁费用800元/亩，种植成本600元/亩，收割、装车运输、揉搓、打捆、薄膜等成本为609元/亩，纯收益931元/亩（表5-7）。加工后的拉伸膜裹包玉米青贮饲料具有密度大、不受场地局限、加工存放以及饲喂取料灵活方便、产品质量好、营养性强、采食率高等特点，受到畜牧养殖业的欢迎。

表5-7　全株青贮玉米裹包青贮成本效益分析　　　　（单位：元/亩）

青贮方式	成本			产出	纯收益	投入产出比
	土地租赁	种植	收割、裹包、运输			
裹包青贮	800	600	609	2 940	931	1∶1.463

注：表中数据来源于山西省朔州市骏宝宸农业科技股份有限公司实地试验结果。

第四节　青贮玉米与豆类混贮技术及实践

玉米植株易青贮，适口性好，易于消化，而单独使用玉米青贮，粗饲料的蛋白质含量偏低，无法满足动物机体的营养需求，需要添加苜蓿干草。由于国内苜蓿干草缺口很大，需要大量进口，造成饲料饲养成本上升。豆类是高蛋白质作物，消化率高于玉米、高粱26%～28%，秸秆营养成分高于麦秆、谷糠，是牛、羊的好粗饲料。但是由于豆类水溶性碳水化合物含量低，缓冲能高，阻碍了青贮过程中pH值的迅速下降，单独青贮难以成功。

玉米和豆类混合青贮后粗蛋白含量为10.52%～14.65%，比玉米单独青贮提高21.48%～69.17%；pH值为3.7～4.1，钙含量比玉米单独青贮最多可提高78.3%，磷含量比单独玉米青贮最多可提高47.3%。玉米和豆类混合青贮提高了青贮饲料蛋白质含量、钙含量等品质，解决了豆类难以调制青贮饲料的问题和玉米青贮饲料蛋白质不足的问题。

一、青贮玉米与豆类混贮技术

1. 收获

在玉米乳熟末期到蜡熟期初期，乳线1/2～2/3，水分65%～75%时将玉米和豆类同时收获，可用青贮收割机将混合原料在现场直接压扁、切碎并运至青贮场所；铡短至1～2 cm。

2. 装填或打捆

青贮窖或青贮壕装填时要连续装填、逐层压实，尤其要注意四周边缘压实，密度应达到600 kg/m³以上。裹包青贮和袋装青贮的装填密度应达到300 kg/m³以上。

3. 密封

青贮窖或地面堆贮在装填压实后立即密封，在青贮窖顶铺设塑料薄膜，塑料薄膜外铺设防水苫布，并用重物镇压。裹包青贮应使用青贮裹包机和相关材料进行密封，袋装青贮应采用机械压实或真空处理。

4. 贮存及取用

注意青贮设备的密闭性，防止底部或周边漏气，青贮原料层层输入后压实排气，含氧量越低越好，最后密封，防止漏气；经常检查青贮设施的密封性，及时修补，青贮袋和拉伸膜裹包青贮可堆垛存放，防止阳光直射和鼠患，冬季应采取保温措施。青贮饲料发酵40 d后取用，青贮窖每天取用厚度不能少于30 cm，取料后应及时密封。青贮包或青贮袋开封后应一次性用完。

二、青贮玉米与豆类混贮实践及效果

玉米与拉巴豆混种青贮和单种青贮相比，可提高干物质和粗蛋白含量，显著降低青贮中NDF和ADF含量，显著提高Ca的含量。饲喂拉巴豆与玉米混播青贮相对于饲喂单播青贮可提高奶牛日粮营养表观消化率、产奶量、乳蛋白率，同时可获得较高的经济效益。玉米和大豆混合完成青贮后pH值为3.7～4.1，粗蛋白含量为10.52%～14.65%，比玉米单独青贮提高21.48%～69.17%，钙含量比玉米单独青贮最多可提高78.3%，磷含量比单独玉米青贮最多可提高47.3%。混合青贮饲料适口性好，消化率高，解决了大豆植株难以调制青贮饲料的问题，同时提高了青贮饲料蛋白质含量、钙含量等品质，解决了青贮饲料蛋白质不足的问题。

内蒙古畜牧科学研究院混贮的蛋白含量（干物质）平均为9.60%，比同地块、同品种青贮玉米的蛋白含量提高了2.52%，增幅近30%，相当于每吨玉米青贮里面添加了10 kg的优质豆饼。

四川农业大学和甘孜州农业科学研究所2019年联合实施的高原藏区青贮玉米—大豆带状复合种植与混合青贮技术采用玉米—大豆带状间作种植，带宽2.0 m，玉米窄行0.4 m，宽行1.6 m，宽行内间作两行大豆，大豆行距0.4 m，青贮玉米、大豆产量共3 443.16 kg/亩。

全株大豆和玉米秸秆按比例1∶0、2∶1、1∶1、1∶2、0∶1混合青贮，与玉米秸秆相比，全株大豆与玉米秸秆1∶1混合青贮的粗蛋白、粗脂肪、赖氨酸、钙的含量以及干物质体外消化率分别提高了55.89%、192.10%、107.69%、250.00%和6.52%，粗灰分、中性洗涤纤维、酸性洗涤纤维、木质素、可溶性碳水化合物的含量显著降低，产奶净能、维持净能显著提高；与全株大豆相比，全株大豆与玉米秸秆1∶1混合青贮的乳酸含量显著提高了34.65%，乙酸和丁酸含量及pH值显著降低。全株大豆与玉米秸秆以1∶1比例混合青贮效果最好。

黑龙江开展青贮玉米与豆科混种混贮试验，混种混贮干物质蛋白质含量达到13%以上，生物产量提高15%以上，青贮饲料蛋白质含量提高1%～2%。设置单贮全株玉米、单贮秣食豆、80%全株玉米和20%秣食豆混贮、70%全株玉米和30%秣食豆混贮、60%全株玉米和40%秣食豆混贮处理组。单贮全株玉米的发酵品质最好，单贮秣食豆的发酵品质最差。秣食豆添加比例为20%和30%的发酵品质效果相似，比秣食豆添加比例为40%的混贮效果好；就养分而言，单贮全株玉米的青贮效果较差，单贮秣食豆的青贮效果最好，其蛋白质含量最高（$P<0.05$），中性洗涤纤维和酸性洗涤纤维含量最低（$P<0.05$），3组混贮中秣食豆的添加比例越高效果越好。5个青贮处理综合比较发酵品质和养分，以70%全株玉米和30%秣食豆混合青贮的效果最好，秣食豆添加比例为20%和40%的混合青贮效果次之。

宁夏研究了不同播量拉巴豆与青贮玉米混播对草地生产性能及牧草品质的影响，青贮玉米单播的鲜、干草产量分别为5.47 t/亩和1.68 t/亩，显著高于青贮玉米与播量为3.0 kg/亩、6.0 kg/亩拉巴豆混播；不同播量拉巴豆与青贮玉米混播饲草的粗蛋白、粗灰分、中性和酸性洗涤纤维含量较青贮玉米单播均有不同程度的增加。拉巴豆播种量为1.5 kg/亩与青贮玉米混播综合性状排名第一，优于其他混播处理和青贮玉米单播，可作为宁夏雨养区适宜播种量推广。

贵州松桃县研究青贮玉米不套作、一行玉米+一行拉巴豆、一行玉米+两行拉巴豆套种对青贮玉米农艺性状和产量，青贮玉米行间套种两行拉巴豆时青贮玉米产量达5 027 kg/亩，收入可达1 955.7元/亩；青贮玉米行间套种一行拉巴豆时产量4 134 kg/亩。随着拉巴豆行数的增加，青贮玉米产量、粗蛋白、粗灰分、叶长、全氮、全磷和钙含量均显著增高，其中产量最高达3 690 kg/亩，与单作青贮玉米相比，可增收701.4元/亩。青贮玉米与拉巴豆套种表现出较强的套种优势，在生产中宜采用青贮玉米与拉巴豆套种行数比为1∶2模式。

玉米与饲用豆类混种混贮，可提供青贮玉米粗蛋白和干物质含量，改善青贮品质。国外饲喂奶牛研究结果表明，混贮相比玉米单贮，其干物质含量提高了71 g/kg，粗蛋白从176 g/kg DM提高到209 g/kg DM，乳脂肪、乳蛋白、乳糖、总干物质含量分别提高0.15%、0.09%、0.13%和0.27%（Park J，2000）。

第五节　饲草料混合青贮技术及实践

青贮发酵品质受原料植物种类、生育期和化学成分等影响，通过将两种或两种以上具有不同营养特性的牧草按一定比例混合青贮发酵，能够为动物提供更优质的青贮饲料。混合青贮可解决豆科牧草青贮难以成功的问题，提高发酵品质和营养价值，改善适口性。混合青贮原料包括常见的禾本科和豆科牧草，还包括其他各种饲料作物、农作物秸秆、农副产品（米糠、麦麸等）以及轻工业副产品（各种酒糟、水果渣及甜菜渣等）等。利用农业、轻工业副产品生产混合青贮饲料能有效缓解饲料原料短缺的压力。

某些饲草因含水量较高、可溶性碳水化合物含量低、缓冲能大等因素而难以单独青贮。采取混合青贮可以制作成品质较好的青贮饲料。含水量较高的鲜草会产生较多的渗出液导致营养物质损失较多。可溶性碳水化合物作为混合青贮乳酸菌增殖能量的来源，当碳水化合物的含量过低时，乳酸菌的活力下降，酸性环境较差，导致混合青贮饲料的发酵品质下降。含水量较高的豆科饲草与麸皮、农作物秸秆等干物质含量较高的原料混合青贮，可以提高青贮原料含糖量、降低水分含量，与缓冲能较低的本科牧草混合青贮可降低原料的缓冲能，有利于有机酸的形成。各类禾本科、豆科牧草及农副产品还可以用来生产发酵全混合日粮（total mixed rations，TMR），利用混合青贮生产全混合日粮有助于提高动物生产性能、降低饲养成本、提高粗饲料利用率。

一、饲草料混合青贮技术要点

（一）豆科牧草与禾本科牧草或秸秆混合青贮

豆科牧草营养价值高但单独青贮难以成功；禾本科牧草易青贮，但刈割过早水分、蛋白质和硝酸盐含量较高导致青贮效果不佳，因此，采用混合青贮的方式，结合两者的优点，可以提高青贮饲料成功率和营养品质，达到较好的效果。将不同比例豆科牧草与玉米秸秆混合青贮，pH值、粗蛋白和非蛋白氮随豆科牧草添加比例的下降而降低，而中性洗涤纤维和酸性洗涤纤维随豆科牧草添加比例的增加而降低。紫花苜蓿等豆科牧草水溶性碳水化合物含量低，蛋白质含量和缓冲能高，青贮发酵难以形成较低的pH值环境，导致梭菌等有害微生物活动旺盛。有害微生物会将氨基酸通过脱氨或脱羧作用生成氨，降解乳酸生成具有腐臭味的丁酸、二氧化碳和水。将苜蓿等豆科牧草与秸秆或者禾本科牧草混贮获得成功的报道很多。将苜蓿与披碱草以3∶7比例青贮，混合青贮的感官评定较好，pH值较低，青贮发酵品质良好。将紫花苜蓿与高丹草以不同比例进行凋萎青贮，试验结果表明，混合青贮能够有效改善苜蓿青贮品质。将40%甜高粱与60%苜蓿混合青贮，苜蓿叶片完整、气味酸香舒适、结构松散、湿度适中、手感柔软湿润，甜高粱柔软、适口性增强，青贮料感官评分最高，青贮效果最好，有效改善苜蓿青贮发酵品质，实现鲜甜高粱和苜蓿最优化利用。将以1/3黄花草木樨和2/3赖草混贮发酵品质最好，pH值也最低，青贮效果最好。

（二）禾本科牧草与禾本科牧草或秸秆混合青贮

禾本科牧草单独青贮比较容易，但有些牧草收割后含水量较高，适当晾晒凋萎后，达到青贮要求的含水量时方可青贮，雨季牧草收获后常无法晾晒；有些牧草，特别是秸秆，收获后含水量比较低，含水量低于青贮要求，调制青贮时需要加水。通常可采用牧草与农作物秸秆、米糠、麦麸等农副产品混合青贮，解决雨季牧草青贮难题。研究发现，燕麦与玉米两者混合青贮能显著提高发酵品质、降低青贮饲料pH值、抑制有害微生物生长、提高乳酸含量和水溶性碳水化合物的利用率，且在混合比例为2∶3时效果最佳。青稞秸秆与黑麦草混合青贮时，添加酶制剂能够显著提高水溶性碳水化合物和粗蛋白含量。

（三）牧草与工农副产品混合青贮

工业生产的副产品包括甜菜渣、酒糟、淀粉渣、豆腐渣等，其水分含量高，有较高的营养价值，是优质粗饲料来源，但在高温时易腐败。常见的农副产品包括农作物秸秆、米糠、麦麸等。牧草与轻工业副产品、农副产品混合青贮，能够改善发酵品质，提高各类副产品的利用率。研究表明，狼尾草、象草与稻草混合青贮过程中，稻草吸收鲜草渗出的部分汁液导致含水量降低，稻草适口性和营养价值得到改善。在紫花苜蓿与多年生黑麦草（比例为3∶7）混合青贮中添加不同比例的青稞酒糟，发现添加酒糟可以提高乳酸含量，改善青贮饲料发酵品质，以添加20%青稞酒糟较为适宜。

（四）农副产品与工业副产品混合青贮

饲料之间的组合效应具有普遍性和可控性，充分利用系统组合营养技术，增强饲料间正组合效应，可有效提高反刍动物对饲料，尤其是劣质粗饲料（农作物秸秆、劣质牧草）的采食量与利用率。酒糟是常见的酿酒业副产品，其粗蛋白含量高、B族维生素含量丰富，具有较高的饲用价值。但鲜酒糟含水量高，极易腐败变质，产生大量有机酸和有毒物质。将酒糟与稻草、农作物秸秆等干物质含量较高的材料混合青贮可以解决酒糟难以长期保存的问题，并提高农作物秸秆的利用率。酒糟与稻草混合青贮可将木质纤维素类等物质转化为糖类，进而发酵为乳酸及挥发性脂肪酸，降低pH值，抑制有害菌的繁殖。燕麦秸秆、多年生黑麦草与酒糟混合青贮可以改善发酵品质及消化率。鲜甘薯蔓、酒糟与稻草（40∶40∶20）混合青贮可以提高饲料粗蛋白、乳酸含量，降低pH值及氨态氮含量，改善发酵品质。醋糟、甜菜渣及番茄渣等轻工业副产品也可以通过混合青贮实现资源化再利用。

（五）其他类型混合青贮

青贮玉米蛋白含量低，与豆科作物套种不仅能节省青贮玉米生长的氮肥施用量，还能显著提高混合青贮饲料的粗蛋白含量。籽粒苋与玉米秸秆混合青贮时，籽粒苋比例减少会加快乳酸菌繁殖，降低pH值，添加糖蜜和乳酸菌制剂可以显著改善籽粒苋与稻草混合青贮发酵品质。其他的混合青贮组合还包括马铃薯茎叶与玉米秸秆、花生秧与禾本科牧草等、向日葵与玉米和苜蓿等。

二、饲草料混合青贮技术实践和效果

为了充分合理利用丰富的饲草资源，发挥混合青贮饲料在反刍家畜生产中的互补效应，有效提高饲草利用率和家畜生产性能，国内进行了玉米与紫花苜蓿混合青贮、玉米秸秆与紫花苜蓿混合青贮、玉米秸秆与草木樨混合青贮、高丹草与紫花苜蓿混合青贮、黄花草木樨与赖草混合青贮、甜高粱与苜蓿混合青贮、沙打旺与全株玉米混合青贮、披碱草与苜蓿混合青贮等多种不同类型的混合青贮研究与实践，研究提出牧草混合青贮的最佳组合及适宜比例，为牧草混合青贮饲料的生产及应用提供依据与指导。

（一）苜蓿与全株玉米混合青贮

苜蓿和全株青贮玉米是山西省种植面积较大的饲草品种，苜蓿和全株玉米混合青贮在养殖业发展过程中的应用越来越广泛。苜蓿生产还是主要以青干草为主，但非常容易受到环境以及苜蓿自身的影响和制约，粗蛋白成分损失较高。由于苜蓿因其所含可溶性碳水化合物含量较低，蛋白质含量和缓冲能高，不易成功单独青贮。将苜蓿与全株玉米混合青贮，不但可以解决苜蓿单独青贮难以完成的问题，还可提高单一青贮饲料的营养价值。

唐莉娟等（2016）进行了苜蓿与全株玉米混合青贮试验表明，苜蓿单贮有较轻的酸味，芳香味较弱，茎叶结构保持良好，柔软松散，色泽为黄绿色，青贮效果尚好，评为2级（尚好）。玉米单贮及苜蓿与玉米4:6、6:4、8:2、7:3、5:5处理青贮效果优良，为1级（优良），苜蓿与玉米8:2、6:4处理青贮色泽不如玉米单贮及4:6混贮处理。研究结果表明，随着玉米所占比例的升高，pH值呈显著下降的趋势（$P<0.05$），其中混合青贮处理组中苜蓿与玉米6:4与4:6的pH值均达到了4.2以下，苜蓿与玉米4:6的pH值为3.96，接近玉米单贮的pH值（表5-8）。

表5-8　苜蓿与全株玉米不同比例混合青贮饲料感官评价及pH值

苜蓿：全株玉米	颜色	气味	质地	评分	等级	pH值
10:0	黄绿色	芳香味弱	茎叶结构良好，柔软	15	2	6.03
8:2	黄绿色	芳香果味	茎叶结构良好，柔软	19	1	4.25
7:3	黄绿色	芳香果味	茎叶结构良好，柔软	19	1	4.19
6:4	黄绿色	芳香果味	茎叶结构良好，柔软	19	1	4.15
5:5	黄绿色	芳香果味	茎叶结构良好，柔软	19	1	4.05
4:6	亮黄色	芳香酸味	茎叶结构良好，柔软	19	1	3.96
0:10	亮黄色	芳香酸味	茎叶结构良好，柔软	20	1	3.88

与青贮前的全株玉米相比，苜蓿与玉米混合青贮后粗蛋白、半纤维素、中性洗涤纤维、酸性洗涤纤维、粗灰分含量均降低，干物质含量提高（表5-9）。混贮6:4组合的干物质含量高于苜蓿及玉米单贮；混贮处理粗蛋白和粗灰分含量明显高于玉米单贮，低于

苜蓿单贮；而半纤维素、中性洗涤纤维、酸性洗涤纤维含量高于苜蓿单贮，低于玉米单贮。在混贮中，8∶2组合粗蛋白、粗灰分含量最高，分别为16.58%、10.82%；中性洗涤纤维含量最低，与苜蓿单贮或玉米单贮相比均差异显著（$P<0.05$）。6∶4组合的酸性洗涤纤维含量最低，与苜蓿单贮相比差异显著（$P<0.05$），与全株玉米单贮相比差异不显著（$P<0.05$）。

表5-9 苜蓿与全株玉米混合青贮的常规养分含量

苜蓿∶全株玉米	粗蛋白 （%）	酸性洗涤纤维 （%）	中性洗涤纤维 （%）	半纤维素 （%）	粗灰分 （%）
0∶10	6.26[f]	22.83[c]	40.29[a]	17.46[a]	8.47[e]
4∶6	12.14[e]	23.90[bc]	40.97[a]	17.07[a]	9.79[e]
5∶5	10.82[d]	22.64[c]	38.55[ab]	15.91[a]	9.69[d]
6∶4	13.02[d]	24.33[bc]	38.10[abc]	13.78[a]	10.69[b]
8∶2	16.58[b]	24.77[bc]	34.09[c]	9.32[b]	10.82[b]
10∶0	21.83[a]	25.96[b]	28.85[d]	2.89[c]	12.72[a]

注：同行数据肩标字母完全不同表示差异显著（$P<0.05$）。

通过苜蓿与玉米混合青贮可以有效地克服苜蓿难以青贮的弊端，苜蓿和全株玉米混合青贮与苜蓿单贮相比可以提高发酵品质和营养价值，能调制品质优良的青贮饲料。研究显示苜蓿与玉米混合比例以6∶4处理的青贮效果最佳。

（二）苜蓿和玉米秸秆混合青贮

玉米秸秆由于粗纤维含量高，蛋白质含量较低，适口性较差，因此利用率较低。苜蓿主要通过干草和青贮的方式进行储存，苜蓿干草营养损失较大。根据苜蓿需要调低水分才能青贮，而玉米秸秆需要微生物等发酵处理进行降解的特点，按比例混合青贮，实现玉米秸秆和苜蓿营养互补。一方面除去了苜蓿晾晒工序，增强了切碎效率（萎蔫苜蓿因柔韧性强而难以打碎），减少了晾晒和切碎损失，提高了青贮制作进度；另一方面，改善玉米秸秆适口性、营养结构以及转化率，提高玉米秸秆资源利用率。

65%苜蓿和35%玉米秸秆混贮表现最佳，具浓烈的甘酸味，茎叶结构完整，青贮料湿润柔软松散。青贮后玉米秸秆湿润柔软，经显微观察，与未经处理秸秆相比，纤维结构变得疏松。各处理青贮料中85%苜蓿和15%玉米秸秆混贮pH值最高，65%苜蓿和35%玉米秸秆混贮pH值最低（表5-10），说明65%苜蓿与35%玉米秸秆混合，能促进青贮发酵所需的酸性环境，其他苜蓿比例过高或过低青贮效果均差。

表5-10　苜蓿与玉米秸秆不同比例混合青贮饲料感官评价及pH值

混合比例	色泽	气味	质地	评分	等级	pH值
8.5：1.5	褐黄色	芳香味弱	茎叶结构良好	15	尚好	4.33 ± 0.20^{bc}
7.5：2.5	黄绿色	芳香果味	茎叶结构良好	20	优良	4.14 ± 0.03^{d}
6.5：3.5	黄绿色	芳香果味	茎叶结构良好	20	优良	4.03 ± 0.05^{d}

苜蓿与玉米秸秆混贮降低了苜蓿的水分含量和缓冲能，提高了可溶性糖含量，更易调制优质青贮，降低了制备青贮的技术要求和成本。由表5-11可见，随着玉米秸秆比例的增加，干物质含量、粗蛋白含量呈现下降趋势，粗纤维含量、可溶性碳水化合物含量呈现增加趋势。苜蓿和玉米秸秆混合青贮秸秆比例高，青贮料水分低，不易压实，难以造成厌氧环境，乳酸发酵效果差；秸秆比例低，苜蓿多，整个青贮环境水分高，不利于乳酸菌发酵。研究表明，65%苜蓿与35%玉米秸秆混合青贮，青贮料感官评分最高，pH值较低，青贮效果最好，有效改善苜蓿青贮发酵品质，实现鲜苜蓿青贮和玉米秸秆最优化利用。

表5-11　苜蓿与玉米秸秆混合青贮的常规养分含量

混合比例	干物质（%）	粗蛋白（%）	酸性洗涤纤维（%）	中性洗涤纤维（%）	可溶性碳水化合物（%）
8.5：1.5	37.66 ± 0.65^{bc}	16.96 ± 1.19^{ab}	29.64 ± 1.41^{c}	43.15 ± 0.87^{c}	1.73 ± 0.21^{e}
7.5：2.5	38.08 ± 0.10^{bc}	14.27 ± 1.44^{cd}	31.40 ± 1.57^{bc}	45.66 ± 0.98^{bc}	2.41 ± 0.14^{c}
6.5：3.5	38.80 ± 1.10^{b}	13.46 ± 1.24^{cd}	32.60 ± 0.92^{b}	46.52 ± 0.58^{b}	2.92 ± 0.13^{b}

注：同行数据肩标字母完全不同表示差异显著（$P<0.05$）。

（三）苜蓿与甜高粱混合青贮

甜高粱是世界五大作物之一，由于甜高粱富含可溶性糖而蛋白质含量偏低，而苜蓿富含蛋白质而可溶性糖含量偏低，因此选择甜高粱与苜蓿混合青贮更具优势，二者混合青贮不仅可以解决苜蓿单一青贮不易成功的缺陷，而且还可以解决甜高粱青贮蛋白质含量偏低的问题，达到优势互补的效果。

甜高粱和苜蓿混贮时，初期甜高粱中含有的大量碳水化合物转化为乳酸，一定程度上抑制了苜蓿中含有大量蛋白质腐败产生的腐败菌的生长，导致pH值迅速下降。然后随着青贮发酵时间的延长发酵程度减弱，此时乳酸菌受低pH值和自己所产乳酸的抑制逐渐下降并趋于平缓，直至稳定。

甜高粱与苜蓿混贮发酵0：1比例混合青贮成功率仅为60%，混合青贮色泽呈墨绿色，部分发生霉变，茎叶结构被破坏，有丁酸臭味，评分为8分，混合青贮品质定级为3级（中等）；2：8比例混合青贮成功率为90%，混合青贮颜色呈浅黄色，茎叶结构清晰，酸味浓、丁酸臭味淡，综合评分为14分，混合青贮品质定级为2级（尚好）；4：6、6：4、8：2、1：0比例混合青贮成功率均达到了100%，混合青贮饲料颜色呈黄绿色，接近原料的色泽，甜高粱茎叶纹理结构清晰可见，芳香味浓，有酸味，综合评分为19~20分，混合青贮发酵品质定级为1级（优等）（表5-12）。

表5-12 甜高粱与苜蓿不同比例混合青贮饲料感官评价及pH值

混合比例	颜色	气味	青贮成功率（%）	综合评分	等级	pH值
0：1	墨绿色	丁酸臭味	60	8	3级	5.03
2：8	浅黄色	酸味浓、丁酸臭味淡	90	14	2级	4.92
4：6	黄绿色	芳香味浓，有酸味	100	20	1级	4.74
6：4	黄绿色	芳香味浓，有酸味	100	19	1级	4.61
8：2	黄绿色	芳香味浓，有酸味	100	19	1级	4.51
1：0	黄绿色	芳香味浓，有酸味	100	19	1级	4.16

在甜高粱与苜蓿混合青贮中干物质、粗蛋白随着混合青贮中甜高粱比例的增加而减少，可溶性糖、中性洗涤纤维、酸性洗涤纤维随着混合青贮中甜高粱比例的增加而增加。其中0：1比例的混合青贮中粗蛋白含量是1：0比例混合青贮中粗蛋白含量的3.6倍，而可溶性糖低于1：0比例混合青贮的4.4倍（表5-13）。

表5-13 甜高粱与苜蓿混合青贮的常规养分含量

混合比例	干物质（%）	粗蛋白（%）	酸性洗涤纤维（%）	中性洗涤纤维（%）	可溶性糖（%）	木质素（%）
0：1	39.30 ± 0.52^a	22.27 ± 0.32^a	21.16 ± 1.65^c	22.83 ± 0.42^f	1.83 ± 0.47^a	4.30 ± 0.50
2：8	38.68 ± 0.35^a	19.14 ± 0.30^b	22.14 ± 0.29^c	27.54 ± 1.00^c	1.77 ± 0.83^c	4.72 ± 0.23
4：6	35.47 ± 0.17^a	14.98 ± 0.52^c	22.65 ± 1.23^c	32.09 ± 0.24^d	4.23 ± 030^d	4.76 ± 0.15
6：4	33.39 ± 0.36^c	12.52 ± 0.67^d	22.12 ± 0.36^c	33.78 ± 0.86^c	4.66 ± 0.38^c	4.78 ± 0.07
8：2	30.59 ± 0.31^d	8.49 ± 0.28^c	27.36 ± 0.66^b	44.56 ± 0.54^b	5.56 ± 0.16^b	4.81 ± 0.59
1：0	28.64 ± 0.49^c	6.23 ± 027^f	30.54 ± 0.29^a	50.41 ± 1.04^a	8.09 ± 0.25^a	4.92 ± 0.57

注：同列不同字母表示差异显著（$P<0.05$）。

40%甜高粱与60%苜蓿混合青贮，苜蓿叶片完整，气味酸香舒适，结构松散，湿度适中，手感柔软湿润，甜高粱柔软，适口性增强，青贮料感官评分最高，青贮效果最好，有效改善苜蓿青贮发酵品质，实现鲜甜高粱和苜蓿最优化利用。

（四）高丹草与苜蓿混合青贮

高丹草为一年生或越年生禾本科植物，是由饲用高粱与苏丹草杂交而成的品种，是优良一年生饲料作物，将其与紫花苜蓿进行混合青贮，可弥补紫花苜蓿干物质和可溶性糖类含量低的特性，可有效地优化青贮原料的发酵基质，更有利于促进青贮过程中乳酸菌发酵，改善青贮饲料的品质。

从高丹草与苜蓿混合青贮的气味、颜色、结构上比较，可知混合比例7∶3处理评分最高为19分，青贮品质最佳，具有较浓的酸香味，叶脉结构保持较好，色泽为黄绿色；混合比例8∶2处理次之，其他处理效果较差，在混合青贮发酵过程中青贮饲料感官评定分数随高丹草比例的改变而不同，增大其所占的比例则有助于提高青贮的效果。添加$CaCO_3$后外观品质差异不显著。pH值随着高丹草比例的增加而下降（8∶2除外），与青贮料感官评定结果的趋势完全相同，说明适当增大高丹草在混合青贮中的比例可以调制出外观品质优良的青贮饲料，并且7∶3混合比例处理的pH值最低为4.43，接近优质青贮饲料的pH值标准4.2，由此可知7∶3混合比例处理取得了较好的青贮效果（表5-14）。

表5-14　高丹草与紫花苜蓿不同比例混合青贮饲料感官评价及pH值

混合比例	颜色	气味	质地	评分	品质	pH值
5∶5	有少许褐色	刺鼻醋味	粘手、叶脉结构保持较差	9	差	4.92 ± 0.03
6∶4	黄褐色	刺鼻醋味	不粘手、叶脉结构保持较差	13	一般	4.79 ± 0.35[eE]
7∶3	黄绿色	酸香味很浓	不粘手、叶脉结构保持好	19	优	4.43 ± 0.10
8∶2	淡绿色	酸香味较浓	不粘手、叶脉结构保持良好	18	良好	4.68 ± 0.03
5∶5+5%$CaCO_3$	暗黄色	有刺鼻醋味、有霉味	稍有粘手、叶脉结构保持较差	9	差	5.44 ± 0.05
6∶4+5%$CaCO_3$	暗黄色	有刺鼻醋味、稍有霉味	稍有粘手、叶脉结构保持较差	10	一般	5.32 ± 0.05
7∶3+5%$CaCO_3$	淡黄色	酸香味较浓，稍有霉味	稍有粘手、叶脉结构保持较差	11	一般	5.09 ± 0.04
8∶2+5%$CaCO_3$	暗黄色	有刺鼻醋味、稍有霉味	稍有粘手、叶脉结构保持较差	10	一般	5.31 ± 0.04

粗蛋白含量随苜蓿在混合青贮中比重的减小而呈逐渐降低的趋势，其中5∶5混合比例处理组含量最高为20.54%，6∶4混合比例组次之，7∶3混合比例组再次，8∶2混合比例处理组最低。添加$CaCO_3$后，粗蛋白的含量有不同程度的下降，但下降幅度不大。中性洗涤

纤维试验结果表明，随着高丹草比例的增加，不同处理间中性洗涤纤维的含量呈极显著差异，这表明高丹草所占比例的大小与中性洗涤纤维含量呈正相关，高丹草比例越大，中性洗涤纤维的含量越高。另外，添加5% $CaCO_3$后，不同处理组中性洗涤纤维含量均较不添加5% $CaCO_3$有极显著提升，结果表明了青贮过程中添加5% $CaCO_3$能提高青贮料的中性洗涤纤维含量（表5-15）。

表5-15　高丹草与紫花苜蓿混合青贮的常规养分含量

混合比例	干物质（%）	粗蛋白（%）	酸性洗涤纤维（%）	中性洗涤纤维（%）	可溶性糖（%）	粗灰分（%）
5：5	46.37 ± 0.14^{cE}	20.55 ± 0.01^{aA}	33.92 ± 0.33^{c}	29.50 ± 0.95^{fG}	0.45 ± 0.006^{f}	10.15 ± 0.34^{eE}
6：4	44.30 ± 0.16^{eH}	18.81 ± 0.56^{cC}	40.02 ± 0.06^{ab}	31.50 ± 0.33^{eE}	0.59 ± 0.02^{d}	9.75 ± 0.31^{eG}
7：3	48.40 ± 0.30^{bB}	17.86 ± 0.09^{dD}	36.26 ± 0.87^{bc}	40.73 ± 0.26^{cC}	0.68 ± 0.06^{b}	11.27 ± 0.12^{dD}
8：2	45.67 ± 0.20^{dF}	17.28 ± 0.57^{eF}	34.80 ± 0.22^{bc}	44.64 ± 0.18^{bB}	0.86 ± 0.03^{a}	10.12 ± 0.89^{eF}
5：5+5%$CaCO_3$	46.57 ± 0.25^{cC}	19.77 ± 0.20^{bB}	36.60 ± 3.96^{bc}	31.24 ± 0.12^{eF}	0.42 ± 0.01^{g}	16.36 ± 0.41^{bB}
6：4+5%$CaCO_3$	44.65 ± 0.29^{eG}	17.71 ± 0.13^{dE}	42.90 ± 6.95^{a}	32.76 ± 0.36^{dD}	0.46 ± 0.01^{f}	15.28 ± 0.61^{cC}
7：3+5%$CaCO_3$	48.89 ± 0.36^{aA}	17.24 ± 0.15^{eF}	39.73 ± 0.19^{ab}	41.32 ± 0.21^{cC}	0.49 ± 0.01^{e}	18.18 ± 0.25^{aA}
8：2+5%$CaCO_3$	46.40 ± 0.33^{cD}	16.25 ± 0.06^{fG}	35.72 ± 0.43^{bc}	45.61 ± 0.17^{aA}	0.65 ± 0.01^{c}	17.45 ± 0.36^{aA}

注：表中同列不同大写字母表示差异极显著（$P<0.01$），不同小写字母表示差异显著（$P<0.05$）。

高丹草与紫花苜蓿混合青贮可相互弥补各自营养成分的缺点，降低制备青贮的技术要求，能够达到优良青贮饲料的标准。高丹草和紫花苜蓿混合的最适宜比例为7：3，青贮品质最好、营养价值较高。添加5% $CaCO_3$后不仅对青贮品质无不良影响，而且显著提高了青贮饲料的营养价值。

（五）披碱草和苜蓿混合青贮

披碱草是禾本科披碱草属多年生丛生草本植物，有一定的耐盐性和较强的抗寒能力，具有抗逆性强、营养价值丰富、适口性好等优点。披碱草营养枝条较多，分蘖期时各种家畜均喜采食，抽穗期至始花期刈割调制的青干草家畜亦喜食。披碱草是禾本科植物易于青贮，但饲料蛋白质含量不足。将披碱草和苜蓿进行混合青贮，可降低pH值、减少挥发性碱基氮。挥发性碱基氮与总氮比是衡量青贮品质的重要指标，它由腐败菌发酵蛋白质产生，其比值高则不良发酵比重大，营养成分破坏严重，青贮品质和营养价值低。

披碱草与苜蓿混合青贮，从气味、颜色、结构上比较，披碱草与苜蓿混合青贮比例7：3处理评分最高为15分，青贮品质最佳，具有微弱的酸臭味或较弱的酸味，芳香味弱，叶子结构保持良好，略有变色，呈淡黄色或浓褐；混合比例6：4处理次之，其他处理效果较差，随披碱草比例的改变而不同，增大其所占的比例则有助于提高青贮的效果。披碱草和苜蓿混合青贮，随着披碱草所占比例加大，所含糖分较多，故其pH值不断降低。pH值降低后抑制了有害微生物的发酵，挥发性碱基氮的含量也会降低（表5-16）。

表5-16　披碱草与苜蓿不同比例混合青贮饲料感官评价及pH值

混合比例	颜色	气味	结构	评分	等级	pH值
3∶7	墨绿色或褐色	酸味很浓，有刺鼻的醋味或霉味	叶片结构保持较差或发现有轻度污染	5	3级	6.64aA ± 0.54
4∶6	墨绿色或褐色	酸味很浓，有刺鼻的醋味或霉味	叶片结构保持较差或发现有轻度污染	6	3级	5.29aB ± 0.04
5∶5	淡黄色或浓褐	酸味很浓，有刺鼻的醋味或霉味	叶片结构保持较差	7	3级	4.8bB ± 0.04
6∶4	淡黄色或浓褐	有微弱的酸臭味或较弱的酸味，芳香味弱	叶片结构保持较差	13	2级	4.62bB ± 0.05
7∶3	淡黄色或浓褐	有微弱的酸臭味或较弱的酸味，芳香味弱	叶片结构保持良好	15	2级	4.53bB ± 0.07

披碱草和苜蓿以7∶3比例混合青贮的酸性洗涤纤维、中性洗涤纤维含量最高，混合青贮中披碱草所占比例越大，酸性洗涤纤维、中性洗涤纤维含量就越高，还原性糖的含量也越高，有利于提高发酵品质。披碱草和苜蓿以7∶3的混合青贮料气味芳香，茎叶结构保持良好，pH值、挥发性碱基氮的含量最低，还原性糖、酸性洗涤纤维、中性洗涤纤维含量最高，青贮发酵品质最佳（表5-17）。

表5-17　披碱草与苜蓿混合青贮的常规养分含量

混合比例	酸性洗涤纤维（%）	粗蛋白（%）	中性洗涤纤维（%）	还原性糖（%）
3∶7	26.51 ± 0.10aA	20.89 ± 0.09aA	30.23 ± 0.05aA	0.26 ± 0.07aA
4∶6	27.51 ± 0.17bB	19.92 ± 0.28aA	30.74 ± 0.12bB	0.34 ± 0.05aA
5∶5	27.57 ± 0.32bB	18.42 ± 0.54bB	3.08 ± 0.24cC	0.49 ± 0.05bB
6∶4	3.46 ± 0.37cC	17.56 ± 0.69bB	4.54 ± 0.20dD	0.61 ± 0.03cB
7∶3	34.42 ± 0.25dD	16.79 ± 1.35bB	46.23 ± 0.13eE	0.80 ± 0.05dD

注：表中同列数字肩注相同字母表示差异不显著（$P>0.05$），不同小写字母表示差异显著（$P<0.05$），不同大写字母表示差异极显著（$P<0.01$）。

（六）玉米秸秆和草木樨混合青贮

草木樨不仅可以培肥地力、防风固沙，同时还是一种优质的饲草。草木樨青贮可以解决枯草期青绿饲料不足的问题，缓解畜牧业可持续发展与蛋白质饲料不足之间的矛盾。将处于营养期的草木樨与处于完熟期玉米秸秆混合青贮，不但可以提高草木樨青贮的成功率而且可以提高其单独青贮的营养品质和发酵品质。

不同比例的草木樨与玉米秸秆混合青贮研究，7∶3、6∶4两个混合比例组，酸香味舒适、颜色接近青贮原料颜色、茎叶结构完整、无发霉现象、松软不粘手、等级评价为优等；9∶1、8∶2混合比例组颜色为黄绿色，等级评价为良好。草木樨与玉米秸秆混合青贮时，随草木樨添加比例的下降，pH值也随之降低（表5-18）。

表5-18   草木樨与玉米秸秆不同比例混合青贮饲料感官评价及pH值

混合比例	颜色	气味	状态	等级	pH值
9∶1	黄绿色	酒酸味	松软不粘手、无发霉	良好	4.31 ± 0.16^{Ae}
8∶2	黄绿色	酸香味舒适	松软不粘手、无发霉	良好	4.22 ± 0.32^{Bd}
7∶3	亮绿色	酸香味舒适	松软不粘手、无发霉	优等	3.77 ± 0.05^{Dd}
6∶4	亮绿色	酸香味舒适	松软不粘手、无发霉	优等	4.05 ± 0.13^{Cd}

注：表中同列数字肩注相同字母表示差异不显著（$P>0.05$），不同小写字母表示差异显著（$P<0.05$），不同大写字母表示差异极显著（$P<0.01$）。

玉米秸秆中所含干物质高且可溶性碳水化合物含量较多，可以弥补草木樨干物质低且可溶性碳水化合物含量少的缺点。草木樨与玉米秸秆混合青贮，干物质随草木樨比例的下降而升高，草木樨添加比例越大，粗蛋白含量越高。酸性洗涤纤维和中性洗涤纤维随草木樨比例的下降而升高（表5-19）。综合考虑混合青贮营养成分和发酵品质，草木樨与玉米秸秆添加比例为7∶3进行混合青贮效果最好。

表5-19   草木樨与玉米秸秆混合青贮的常规养分含量

混合比例	干物质（%）	粗蛋白（%）	酸性洗涤纤维（%）	中性洗涤纤维（%）
9∶1	23.48 ± 0.21^{Ab}	11.76 ± 0.06^{Ac}	31.81 ± 0.62^{Ac}	44.38 ± 0.22^{Ab}
8∶2	23.88 ± 0.32^{Bb}	11.19 ± 0.29^{Bb}	32.65 ± 0.49^{Bb}	45.72 ± 0.48^{Bb}
7∶3	26.14 ± 0.38^{Cc}	10.55 ± 0.25^{Cb}	33.15 ± 0.12^{Cc}	46.40 ± 0.63^{Cb}
6∶4	27.32 ± 0.18^{Dc}	10.23 ± 0.17^{Dc}	34.76 ± 0.38^{Dc}	47.35 ± 0.27^{Dc}

注：不同小写字母表示相同处理不同青贮天数间差异显著（$P<0.05$）；不同大写字母表示相同青贮天数不同处理间差异显著（$P<0.05$）。

（七）沙打旺与全株玉米混合青贮

沙打旺是豆科黄芪属多年生草本植物。用作饲草，因含有硝基化合物而气味不好，适口性降低。沙打旺一般在盛花期刈割营养价值较高，但在晒制干草时需要一定面积的场地，且遇到阴雨天气易发酵变质，在秋季调制干草时，因脱叶量大，茎秆粗硬，品质低劣，家畜采食率只有60%，损失较大。沙打旺可溶性碳水化合物含量低、缓冲能高，属不易青贮的豆科牧草，很难利用常规青贮技术调制出优质青贮饲料。而玉米含糖量较高，采用玉米与沙打旺混合青贮其含糖量可以满足牧草青贮要求；其次，豆科牧草青贮对其含水量要求严格，实测沙打旺鲜草含水量为66.53%，而玉米水分含量为75%左右，混合后能满足青贮对水分的要求条件。玉米粗蛋白含量较低，与沙打旺混贮能明显提高青贮饲料的粗蛋白含量。沙打旺与全株玉米混合青贮，充分发挥了沙打旺蛋白质含量高的优点，解决了单一豆科牧草青贮困难、营养损失大的缺点，达到了能量和蛋白质的最佳互补，提高了牧草的利用价值。

沙打旺与全株玉米混合青贮改变了原沙打旺牧草的品质，使牲畜采食利用率提高（表5-20）。玉米秸经青贮后干物质中粗蛋白质提高了25.51%；中性洗涤纤维和酸性洗涤纤维含量分别降低了16.37%和23.66%。随着沙打旺混贮比例增加，粗蛋白质和灰分呈递增趋势，中性洗涤纤维和酸性洗涤纤维含量呈递减趋势，说明玉米与沙打旺混贮，有助于降低青贮饲料的纤维含量。沙打旺单贮处理干物质，灰分含量最高，与其他各处理间差异显著（$P<0.05$）；随沙打旺混贮比例增加，各处理粗蛋白质含量呈递增趋势，玉米单贮和玉米与沙打旺2：1混贮处理粗蛋白质含量显著低于其他3个处理（$P<0.05$），沙打旺粗蛋白含量达到15.03%；随着沙打旺混贮比例增加，中性洗涤纤维和酸性洗涤纤维含量呈递减趋势，说明玉米与沙打旺混贮可以降低饲料的纤维含量。各处理可溶性碳水化合物含量差异不显著。研究显示，全株玉米与沙打旺1：1混贮处理营养成分及氨基酸含量较高，为理想的混贮比例。

表5-20　玉米与沙打旺混合青贮的常规养分含量

混合比例	pH值	干物质（%）	粗灰分（%）	酸性洗涤纤维（%）	粗蛋白（%）	中性洗涤纤维（%）	可溶性碳水化合物（%）
1：0	3.5[d]	25.07[c]	7.16[b]	30.26[a]	7.28[c]	54.23[a]	3.82[a]
2：1	4.16[c]	26.08[c]	6.12[b]	28.67[a]	10.72[b]	50.33[a]	2.32[b]
1：1	4.55[b]	27.37[bc]	7.05[b]	25.93[a]	14.69[a]	41.92[ab]	2.31[b]
1：2	4.68[b]	27.65[c]	7.64[b]	25.88[a]	14.86[a]	41.93[b]	2.28[b]
0：1	4.99[a]	30.48[a]	8.10[a]	23.98[a]	15.03[a]	32.51[c]	1.87[c]

注：同列不同字母表示差异显著（$P<0.05$）。

第六章

山西饲草利用技术及实践

第一节　全株玉米青贮饲料利用

青贮饲料的营养价值取决于原料的营养成分和调制技术，即使同一种原料，收割期不同，其青贮饲料营养价值也有所差异。同时因青贮技术不同，其养分损失也有所变化，通常情况下其损失为10%～15%。青贮饲料对家畜的适口性、饲养效果和特性也有差异，因此，掌握这些特性和效果很有必要。

青贮饲料必须现取现用，不可取出后堆积于畜舍内，易引起二次发酵，特别是夏天。取用最好采用青贮取料机，保证青贮饲料表面的紧实（图6-1）。

图6-1　青贮饲料取料机和自走式TMR搅拌车自带取料机

一、全株玉米青贮的品质评定

在实际生产中，青贮质量优劣可以通过看、闻和手持物料等感官操作来判断，从色泽、气味、结构等方面对感官进行评价（表6-1、表6-2）。

表6-1　玉米青贮质量感官评价标准

评分标准		得分
气味	无丁酸臭味，有芳香果味或明显的面包香味	14

（续表）

评分标准		得分
气味	有微弱丁酸臭味，较强的酸味，芳香味弱	12
	丁酸味颇重，或有刺鼻的焦糊臭味或霉味	4
	有较强的丁酸臭味或氨味，或几乎无酸味	2
结构	茎叶结构保持良好	4
	茎叶结构保持较差	2
	茎叶结构保持极差或发现有轻度霉菌或轻度污染	1
	茎叶腐烂或污染严重	0
色泽	与原料相似，烘干后呈淡褐色	2
	略有变色，呈淡黄色或带褐色	1
	变色严重，墨绿色或褪色呈黄色，有较强的霉味	0

引自：德国农业协会评分标准。

表6-2 玉米青贮质量感官评价等级

等级	质量评价	得分
1	优质	16～20
2	良好	10～15
3	一般	5～9
4	低劣	0～4

引自：德国农业协会评分标准。

通过pH值、氨态氮及有机酸（乙酸、丁酸等）指标对全株青贮玉米青贮质量的发酵评价进行评定（表6-3）。

表6-3 玉米青贮质量的发酵评价标准

等级	pH值	氨态氮/总氮（％）	乙酸（％）	丁酸（％）
1	≤4.2	≤10	≤15	0
2	（4.2，4.4]	（10，20]	（15，20]	≤5
3	（4.4，4.6]	（20，25]	（20，30]	（5，10]
4	（4.6，4.8]	（25，30]	（30，40]	>10

引自：T/CAAA 005—2018《青贮饲料 全株玉米》。乙酸和丁酸以占总酸的质量比表示。

全株青贮玉米青贮饲料营养品质评价主要通过评价中性洗涤纤维（NDF）、酸性洗涤纤维（ADF）和淀粉含量等指标来进行评价（表6-4）。

表6-4　玉米青贮饲料营养品质评价标准

等级	NDF（%）	ADF（%）	淀粉（%）
1	≤48	≤27	≥28
2	（48，53]	（27，30]	[23，28）
3	（53，58]	（30，33]	[18，23）
4	（58，63]	（33，36]	[13，18）

引自：T/CAAA 005—2018《青贮饲料　全株玉米》。NDF、ADF和淀粉含量均为干基含量。

全株青贮玉米青贮在发酵过程中，每个时期微生物的种类和数量都会发生变化，青贮饲料上附着的微生物是评价青贮饲料品质优劣的重要指标。青贮玉米青贮饲料微生物评价一般是检测乳酸菌、酵母菌和霉菌、梭菌、大肠杆菌等几类微生物的含量。

质量较好的全株玉米青贮饲料应为黄绿色，气味为酸香味，可以略有酒精味，但无丁酸臭味存在，质地松散均匀无结块，茎叶清晰。青贮饲料pH值应在4.2以下，达到3.6～3.8，乳酸为主要有机酸，氨态氮占总氮含量低于10%。干物质是全株玉米青贮制作首先考虑的关键因素，并指导奶牛生产实践中日粮的配比。实际生产中全株青贮玉米的干物质一般控制在35%左右。淀粉含量决定了全株玉米青贮饲料的能量价值，现阶段要求全株青贮玉米在收获时淀粉含量应占干物质含量的30%以上，破碎籽粒在70%以上，且单个籽粒破碎在3片以上。中性洗涤纤维与采食量呈负相关，日粮中过高的中性洗涤纤维不能满足高产奶牛的营养需要。全株玉米青贮的中性洗涤纤维应小于50%，同时30 h瘤胃降解率应在50%以上。

二、全株玉米青贮饲料的利用

全株青贮玉米含有玉米籽粒，淀粉含量高，还含有胡萝卜素、核黄素、B族维生素等多种维生素，具有干草与青料两者的特点，且补充了部分精料。7～9 kg带穗青贮玉米料中约含籽粒1 kg，营养价值较茎叶青贮料高得多。据试验，100 kg带穗青贮料喂乳牛可相当于30～40 kg豆科牧草干草的饲用价值；用于饲喂肥育肉牛或肥羔，可相当于50 kg豆科牧草干草的饲用价值。青贮料日喂量为：青年牛5～8 kg；冬季种母牛15～20 kg；母羊1.5～2.0 kg；去势牛、羊可占日粮的70%。

在奶牛TMR配制中，全株玉米青贮饲料是主要的粗饲料，适宜饲喂比例为粗饲料总干物质的52%，且在适当调整精料的情况下，全株玉米青贮可添加至60%。高产奶牛日喂量可以达到18~25 kg，围产牛日饲喂量10~11 kg，青年牛日喂量9~10 kg，育成牛日喂量7~8 kg。在全株玉米青贮饲料制作时，添加同型发酵乳酸菌，可以提高奶牛的干物质采食量，饲料转化率提高9%，奶牛日产奶量提高0.37 kg/头。以高产奶牛为例，TMR可由全株玉米青贮20~25 kg、全株燕麦草3~4 kg、苜蓿干草3~4 kg、甜菜颗粒1~2 kg、全棉籽1 kg、啤酒糟5~7 kg，以及精补料9~12 kg组成，使奶牛干物质采食量达到19~24 kg。

第二节　紫花苜蓿青贮饲料的生产与利用

紫花苜蓿具有粗蛋白含量高、适口性好和易栽培等特点，其饲用价值较高，是奶牛饲养中的优质粗饲料。紫花苜蓿粗蛋白质中氨基酸种类齐全，组成比例与动物体蛋白质的氨基酸组成比例相近，转化效率高，同时富含维生素与矿物质元素。

在山西省，苜蓿收获季节存在雨热同期，同时优质苜蓿干草加工需要大量设备且能源消耗大，自然晾晒加工方式损失可达24%~28%。近年来，山西省内苜蓿青贮调制越来越受到青睐。目前，多数牧场已将苜蓿青贮饲料作为主要的粗饲料。因紫花苜蓿具有缓冲能高、可发酵糖低的特点，使青贮过程中pH值不能快速下降。田间凋萎和添加剂应用成为苜蓿青贮调制的必需手段。

一、紫花苜蓿青贮饲料质量评定

发酵合格的苜蓿青贮，其颜色为亮黄绿色或黄绿色，无褐色和黑色，气味为芳香、酒酸味，无刺鼻臭味和霉味，质地柔软，茎叶结构完整，略带湿润，无发黏、腐烂等现象。优质紫花苜蓿青贮饲料pH值低于4.5，氨态氮含量占总氮的比例低于8%，乳酸含量大于75%，乙酸含量低于15%，丁酸不得检出，粗蛋白含量大于20%，中性洗涤纤维含量低于40%，粗灰分含量低于12%，相对饲喂价值大于170。

相对饲喂价值RFV=[88.9%−（0.779×ADF%）]×120%/（NDF%×1.27）。其中，NDF和ADF分别为中性洗涤纤维和酸性洗涤纤维的百分含量。

紫花苜蓿青贮饲料中性洗涤纤维的含量与奶牛干物质采食量呈负相关（表6-5），而酸性洗涤纤维的含量与苜蓿青贮饲料的干物质消化率呈负相关。

表6-5　苜蓿青贮饲料中性洗涤纤维含量与奶牛干物质采食量的关系

项目	中性洗涤纤维含量（%DM）								
	38	40	42	44	46	48	50	52	54
奶牛干物质采食量（%BW）	3.16	3.00	2.86	2.73	2.61	2.50	2.40	2.31	2.22

二、紫花苜蓿青贮饲料的利用

在奶牛TMR日粮中，苜蓿青贮饲料可以按照干物质水平部分替代或者完全替代苜蓿干草。相同营养价值的苜蓿青贮饲料比苜蓿干草具有较高的消化率。苜蓿青贮饲料替代苜蓿干草后，对奶牛产奶量的影响不明显，但乳脂率会明显提高。苜蓿青贮替代苜蓿干草饲喂奶牛，对奶牛瘤胃发酵存在影响，采食后通常会使瘤胃pH值下降明显，总挥发性脂肪酸、乙酸和丙酸生成量提高，氨态氮浓度提高。因此，在奶牛饲喂苜蓿青贮饲料（完全替代苜蓿干草）时应关注奶牛的反刍情况，保证物理有效中性洗涤纤维含量不低于18%，同时注意TMR日粮配制保证瘤胃发酵的能氮平衡。

第三节　小麦秸秆饲用技术及实践

每年6月山西省小麦从南到北收获开始后，及时将麦秸用作牛羊饲草利用，不仅可以提高后茬作物播种质量，而且可以弥补牛羊饲草缺口，缓解粮食安全压力。山西省对小麦秸秆饲用技术进行了积极示范和实践，取得了很好的成效。

一、机械配置与调整

一是集齐机械。采用购置、调拨、租用、雇佣等形式，配齐小麦秸秆饲用化加工的收集、打捆、碎化、压实等环节各类机械。各类农机须经过部级或省级鉴定，具有操作安全、作业高效、适形性强等优点。二是农机保养与维修。各类农机按照使用说明书的要求，做好使用前的清理、润滑、调整、紧固等各项工作，以确保农机以良好的状态投入到麦秸饲用化加工作业之中。三是调整小麦收割机留茬高度。充分利用小麦栽培一般不覆薄膜的优势，调整小麦收割机留茬高度为最高不超过15 cm，地面平整可调整至12 cm以下。四是谨慎改装农机。市面或者农机合作社自我改装的小麦收获秸秆打捆联合收获机，可以实现小麦脱粒，麦秸不落地而直接打捆的目的，但是机型的安全性、操控性等有待验证，谨慎引用。

二、田间打捆与贮运

一是保障作业安全。机收小麦粉尘碎屑飞扬，视线受阻。地块幅度较大时，小麦收获与秸秆捡拾打捆可以同期作业。否则在麦收后，需要再次入地实施捡拾打捆作业。二是试运行麦秸打捆机。调节捡拾器弹齿高度，与麦茬高度匹配，实现麦秸可收集量最大化与地面尘土带入量的最小化，减少后期除尘作业工作量。三是麦秸打捆作业。根据地形、地块大小、地块形状，规划捡拾打捆机械作业路线，减少无效作业行进距离，提升作业效率。按照机型作业要求，压捆密度适宜。四是及时清运秸秆草捆。小型秸秆方捆可人工搬运，及早离田。大型秸秆方捆或圆捆，采用专业夹持机械或其他机械搬运。五是安全储放。专门辟出地势高燥处，地面进行防水处理、顶部配有棚架更佳，储放秸秆草捆，避免含水量低而易吸湿的秸秆发霉变质。雨季来临，秸秆草捆短期露天储放，堆放处做好底部防雨溅、顶部塑料薄膜遮盖防漏水处理。

三、二次加工

一是除尘作业。捡拾时带入的尘土，在草捆集散地，利用除尘设备，进行风力或重力尘土分离，避免土壤对黄贮质量的不良影响，提升黄贮品质。二是切碎、揉碎、粉碎作业。机收麦秸长短不一，利用圆盘切碎机二次切碎至2～3 cm，或者揉碎机纵向打破麦秸茎秆，或者粉碎机粉碎麦秸至0.5 cm以下的碎屑。三是黄贮加工。首先加水提湿，麦秸含水不足20%，不能满足发酵水分，补足水分至60%以上，提升麦秸水分含量，促进发酵。麦秸贮量较小时根据麦秸量算出补水量，拌和均匀。麦秸贮量较大时，补水提湿作业在后续装填时进行。每铺一层麦秸，花洒式加入足量水分，至底部有水渗出。其次进行装填压实，黄贮场地提前清扫作业，减少杂菌污染。利用轮式重力机械，逐层压实原料，每立方米原料（湿料）压实密度达到500 kg以上。四是秸秆氨化。有条件的可根据实际需要将秸秆进行氨化处理，将切碎的麦秸以密闭的塑料薄膜或氨化窖等为容器，以液氨、氨水、尿素、碳酸氢铵中的任何一种氮化合物为氮源进行氨化处理，使秸秆饲料变软变香。

四、产品贮放

一是密封贮藏。压实好的原料，及时利用专用青贮膜密封促进乳酸菌发酵，避免发热与不良微生物增殖损失。二是贮放时期。发酵贮放一个月以后，可以开封取饲。品质良好的贮料，可以安全保藏1～2年。从感官上，颜色、气味、质地要符合黄贮和氨化秸秆品质要求，不出现霉斑或霉块。

五、饲喂利用

麦秸黄贮后提升了适口性，可用于肉牛能繁母牛、肉羊能繁母羊和奶牛后备牛、低产奶牛、干奶牛的日粮中，替代部分干草。

第七章

山西草田轮作技术及实践

第一节　麦后复播饲草生产技术及实践

近年来，为了解决山西省优质饲草生产供应不足问题，山西省农业农村厅在运城市、临汾市、晋城市等晋南地区组织开展了麦后复播饲草示范，推广了麦后复播青贮玉米深松密植高产、麦后复播饲用大豆等技术，探索推广了"南北互补、粮草兼顾、农牧循环"模式，取得了经济效益、社会效益、生态效益共赢的良好成效。

一、示范推广情况

2020—2022年在芮城县、万荣县、新绛县、河津市、临汾市尧都区、襄汾县、洪洞县、翼城县、泽州县等20个县（市、区）完成麦后复播饲草28.75万亩。

2020年以来，山西省农业农村厅将山西省北部饲草龙头企业技术、机械优势和南部光热、土地资源优势紧密结合，组织北部雁门关区域饲草龙头企业向农业生产条件好的晋南地区发展，加大优质饲草的生产供应。

2020年3月、2021年3月和2021年6月，山西省农业农村厅分别在泽州县、河津市、山阴县组织召开了全省玉米复播与饲草种植对接会、全省玉米麦后复播与饲草种植对接工作会和全省饲草产业"南北互补、创新发展"研讨会，组织北部饲草龙头企业与晋南地区种植主体积极对接，深入开展麦后复播饲草示范推广，取得了很好的成效。

近年来，山西省农业农村厅多次组织朔州市骏宝宸农业科技股份有限公司、山西省地产投资有限公司等饲草龙头企业赴晋南地区各县开展了饲草产业调研指导工作，促进北部饲草龙头企业与晋南地区种植大户、养殖大户积极对接，加强合作，不断扩大麦后复播饲草面积，持续推进"南北互补、粮草兼顾、农牧循环"模式。

在麦后复播饲草示范推广过程中，重点推广了"小麦+青贮玉米""小麦+饲用大豆""两茬青贮玉米+小麦""青贮玉米+燕麦""青贮玉米+苜蓿""青贮玉米+饲用小黑麦"等模式，取得了很好的成效。

二、示范推广技术概述

（一）麦后复播青贮玉米深松密植高产技术要点

1. 精选优种

选择经国家或省级审定推广的、适合当地深松密植且与机械配套的、单株生产力较高、抗倒伏、抗病、抗逆性强、株型较紧凑、光合能力强、经济系数高的早熟品种。种子选用符合种子质量规定指标（GB 4404.1）、纯度不低于99.9%、发芽率不低于85%、净度不低于98%、水分含量不高于13%的种粒大小均匀、出苗率高的包衣种子。

2. 播种时间

要"早"字当头，抢抓播种时间，播期越早，资源利用越充分，越有利于高产形成、品质提高，晋南地区播期最晚不得晚于7月5日。播前处理好麦秸和麦茬，建议晾晒2~3 d后，使用搂草机将麦秸收集离田即可开始播种，收集的麦秸可作为饲草利用。

3. 配方施肥

根据耕层土壤养分测定结果和目标产量选择施肥类型和数量，实施测土配方施肥，同等产量下可减少化肥使用量30%，提高青贮玉米产量，降低生产成本。

4. 密植播种

对于深松过的耕地，一般青贮型最佳密度5 500株/亩，粮饲兼用型最佳密度6 000株/亩；未深松过耕地，密度不超过4 500株/亩。建议采用精量播种机进行播种，采用宽窄行植模式，播种规格为大行距80 cm、小行距40 cm，播种量每亩2 kg，播种深度5 cm，播种时深浅一致，覆土均匀，适度镇压，注意在播种的同时，将基肥（复合肥）施在下方5 cm左右。

5. 节水灌溉

为了保证青贮玉米的出苗率，土壤墒情不足时，播后抢浇"蒙头水"，可因地制宜采用滴灌的方式进行浇水，后期结合青贮玉米的拔节期和大喇叭口期的追肥进行灌水。根据灌溉数据，滴灌条件下进行灌溉比正常漫灌浇水可以节水30%以上。

6. 中耕追肥

在玉米6~8片叶子的展叶期，使用高地隙追肥机，追施高氮钾肥，同时一次性完成开沟、施肥、培土和镇压工作。

7. 植保作业

在青贮玉米出苗前，选择晴朗天气，上午10点前或下午5点后使用大型自走式喷杆喷雾机进行土壤封闭，做到除草剂一次到位，减少除草剂的使用量30%以上。青贮玉米的生长期间需根据田间病虫害的发生情况，选用低毒高效的生物农药等开展绿色防控，病虫害高发期统防统治、精准施药，全程可减少农药的使用量50%以上。

8. 适时收获

青贮玉米全株青贮的最佳时期为籽实乳熟期至蜡熟期，外表观察玉米穗胡须变黑，玉米穗粒有浆变硬，全株含水率平均为65%~70%，干物质含量达到30%以上。如以籽粒乳线位置作为判别标准，乳线处于1/3至1/2时最适宜。

9. 土壤深松

收获青贮玉米后，在冬小麦播种前进行土地深松，使用大马力拖拉机（≥210马力）和深松深度为45~50 cm的深松机进行土壤深松，打破连续多年旋耕形成的相对坚硬的犁底层，达到抗旱、保水、排水、抗涝和保肥的目的。紧接着按正常顺序旋耕耙地，播种冬小麦。

（二）麦后复播饲用大豆技术要点

1. 播种时间

6月上中旬播种，不晚于6月20日。

2. 播种技术

（1）良种选择。选择适合当地复播的高产、抗逆性强的优质复播饲用大豆品种，如汾豆牧绿2号等。

（2）抢时播种。足墒播种，增墒保墒是播种保全苗的关键，一般抢在6月20日前结束播种。

（3）合理密植。麦后田一般采用穴播，每穴3~4粒种子。高水肥地块可条播，行距25~35 cm为宜。播种深度：播种深度一般3~5 cm为宜。播量及播种密度：适当密植，每亩播种2.5 kg左右，保苗25 000~35 000株/亩。

3. 田间管理

复播饲用大豆处于高温高湿环境，易丛生杂草，播后2 d内喷施扑草净、乙草胺、戊甲二灵等进行苗前封闭除草，苗后除草剂喷施精喹禾灵等除草剂控制杂草，地表全覆盖后即可免于除草。苗期及时进行病虫害综合防治：主要防治红蜘蛛、卷叶螟、大豆蚜虫等，喷施高效氯氰菊酯、吡虫啉、阿维菌素等进行防治。

4. 适时刈割

根据田间长势适时刈割，一般于鼓粒中后期（9月底）刈割，可用地滚式割草机收割后青贮或晒制干草。最好选用割台长度长、倾角小的收获机；收获时应适当降低收获速度确保正常作业性能，及时清理割台，防止饲用大豆植株不规则喂入等原因造成的堵塞，以免影响作业效果。

5. 青贮制作

按常规青贮调制技术操作，原料含水量应控制在60%～70%，添加2%～3%糖蜜。

6. 收获加工

一般于9月底收获。可由饲草龙头企业或牛羊养殖场统一机械化收获加工。

7. 产品销售

由饲草龙头企业统一收购销售或由牛羊养殖场订单收购。

三、示范推广效果

在晋南地区开展的麦后复播饲草技术示范推广具备了八大优点，受到了群众欢迎。一是充分利用了耕地资源。利用麦后夏闲田复播饲草，避免了种草与种粮争地。二是提高了土壤肥力。复播饲用大豆的根瘤菌具有固氮作用，有利于小麦轮作倒茬。三是提高了播种质量。麦后复播饲草解决了大量秸秆还田引起的病虫害和播种质量低的弊端。四是为小麦秋播腾出充足时间。复播饲草一般应提前15 d以上收获，有利于冬小麦及时播种。五是解决了籽粒玉米品质不高的问题。晋南地区籽粒玉米收获期与雨季重叠，容易出现黄曲霉毒素超标，作为青贮饲料则可以避免这一问题。六是提高了饲草机械使用率。北部饲草龙头企业的饲草机械从南到北得到多次利用，增加了企业收入。七是扩大了饲草发展空间。麦后复播饲草增加了饲草种植面积和产量，助推了山西省畜牧业高质量发展。八是促进了农牧循环。将秸秆直接还田变为饲草过腹还田，不仅为畜牧业发展提供了大量饲草，而且为种植业提供了大量有机肥，实现了农牧业生产良性循环。

第二节　冬闲田种植饲用小黑麦技术及实践

近年来，随着草食畜高质量发展步伐加快，对优质饲草的需求不断增加，价格逐年攀升。特别是作为牛羊优质饲草的燕麦草进口量剧增，价格居高不下。全国各地在扩大燕麦草种植的同时，作为燕麦草理想替代品的饲用小黑麦种植被提到了议事日程，引起业内的极大关注。2020年以来，山西省农业农村厅按照饲草产业"南北互补、中部突破、全面发力、整体提升"的思路，结合《山西省"十四五"饲草产业发展规划》，在晋南地区开展麦后复播饲草的同时，进一步提出了以晋中盆地为重点，实施利用冬闲田种植饲用小黑麦的计划，将传统的"一年一季玉米"变为"一年两季玉米+饲用小黑麦"种植模式，既提高了土地利用率，又增加了农民收入，取得了阶段性成效。

一、品种特性及适宜种植区域

饲用小黑麦是黑麦与冬小麦远缘杂交通过染色体工程合成的六倍体新物种，国外最早是加拿大于1963年育成了世界上第一个小黑麦品种，我国于1973年育成第一个小黑麦品种，目前河北有冀饲2号、冀饲3号，新疆有新小黑麦1号、石大1号，甘肃有甘农2号等品种，山西省于2010年培育出了临草2号小黑麦品种，2015年培育出了晋饲草1号小黑麦品种。饲用小黑麦属于一年生越冬性秋播作物，生育期260～280天，株高150～180 cm，茎秆粗壮，分蘖性强，株型紧凑，叶片大。产草量高，亩产鲜草3 000～3 500 kg、干草600～900 kg。草品质好，粗蛋白含量10%以上，比燕麦草高出2个百分点。可以青饲、青贮、晒干草。

适宜饲用小黑麦种植的地方为积温≥2 800℃、无霜期≥130 d、年降水量300～600 mm的区域，山西省主要在太原盆地、临汾盆地、运城盆地、长治盆地、晋中盆地及吕梁和忻州的部分地区。山西省适宜播种的时间为国庆节前后，收获时间为5月中旬。据统计，仅晋中市、太原市等地玉米收获后的冬闲田就达到330万亩，利用冬闲田种植饲用小黑麦潜力巨大。

二、技术概况

（一）气候和土壤要求

积温≥2 800℃，无霜期≥130 d，年降水量300～600 mm。地势平坦、排水良好、中等肥力、中性或微碱性沙壤土或壤土。

（二）播前准备

1. 整地

前茬作物收获后，根据地块条件，选择翻耕或旋耕作业。作业时土壤要干湿适中，符合拖拉机行走不打滑、耕地不扯条。整地后应达到地面平整、无坷垃。秸秆直接还田要粉碎且抛撒均匀，镇压踏实，确保一播全苗，壮苗越冬。

2. 基肥施用

结合整地施足基肥，施用肥料要符合NY/T 496—2010的规定。上茬作物收获后，每亩施用有机肥3～4 m³，并及时深耕。化肥作基肥应于播种前结合地块旋耕施用，每亩施入复合肥20～30 kg。实施秸秆还田地块，每亩需增施化肥尿素3～5 kg。

3. 播前墒情

播前耕作层土壤含水量以黏土20%为宜、壤土18%为宜、沙土15%为宜。

4.品种选择

选择国家审定或省级认定，适合山西省农区种植的抗旱、耐寒等抗逆性强的饲用小黑麦品种。种子质量符合GB/T 6142的规定。

（三）播种

1.种子处理

播前晒种1~2 d，每天翻动2~3次。地下虫害易发区可使用药剂拌种或种子包衣进行防治，防治蛴螬、蝼蛄等地下害虫采用50%辛硫磷乳油100 mL加水2~3 kg拌种50 kg，拌后堆闷2~3 h，晾干备播。种子包衣方法参照GB 15671—1995。

2.播期及播量

一般9月下旬至10月中旬播种，每亩播量10 kg；10月15日之后播种，播期每推后1 d播量增加0.5 kg，最晚播期不晚于10月20日。

3.播种方式

一般采用小麦播种机播种，以条播为主，行距15~20 cm。

4.播种深度

播种深度控制在3~5 cm，播后及时耱地保墒。

（四）田间管理

1.灌溉

越冬前浇足越冬水，严禁地表积水和冰层盖苗。春季返青期至拔节期之间需灌水1次，灌水量每亩30~45 m³。灌溉用水要符合GB 5084农田灌溉水质标准。

2.追肥

一次刈割时，结合春季灌水在起身至拔节初期追施氮肥，每亩施用尿素10~15 kg；弱苗在起身期提早追施，旺苗可推迟到拔节期追施，两次施用最佳。两次刈割时在拔节期或第一次刈割后，每亩追施N 5~8 kg。

3.杂草防除

返青后及时防除杂草。

4.病虫害防治

防治要重视抗病品种选用、综合应用轮作换茬、物理防治和生物防治技术。农药防治优先选用植物源农药，须符合GB 4285—1989和GB/T 8321.1~7的规定。常见的蚜虫虫害一般在抽穗期发生，可使用0.3%的印楝素6~10 mL/亩或10%的吡虫啉20~30 g/亩。在刈割前15 d内不使用化学农药。

（五）收获

1. 刈割时期

加工干草或调制青贮在乳熟期一次性刈割。青饲用途可在拔节后期或株高达30 cm左右时刈割。

2. 刈割高度

用于青饲，为保证刈割后快速再生，留茬高度一般为3～5 cm，最后一次刈割齐地刈割。用于青贮、调制干草一次性刈割，刈割留茬高度为5～8 cm，以防止泥土带入。

3. 刈割方法

一般采用机械刈割或人工刈割。调制青贮或加工干草采用机械一次性刈割；青饲用途采用两次刈割，第一茬宜人工刈割，第二茬宜机械刈割。

三、示范推广情况

（一）设立课题研究

2020年山西省在清徐县、临猗县、灵石县等地，进行了种植饲用小黑麦试验示范。2021年又设立了冬闲田种植饲用小黑麦课题，在灵石县、祁县等地开展了冬闲田种植饲用小黑麦品种对比试验。

在2022年5月中旬开展的测产测试中，祁县种植的小黑麦亩产干草平均600 kg，最高达到700 kg。同时，山西省起草了《冬闲田饲用小黑麦栽培技术规程》，已纳入2022年省级地方标准制定计划。另外，冬闲田种植饲用小黑麦技术被列入2022年山西省农业主推广技术，晋饲草1号被列入2022年山西省农业主导品种。

（二）开展示范推广

2021年9月，山西省农业农村厅在清徐县召开了"全省冬闲田种植饲用小黑麦技术研讨会"，积极推进冬闲田种植饲用小黑麦工作。随后，在祁县、太原市小店区、灵石县、襄汾县、文水县、方山县等地6个区县示范推广饲用小黑麦3 820亩（其中祁县700亩、太原市小店区900亩、灵石县500亩、文水县500亩、襄汾县1 200亩、方山县20亩），虽然因受强降雨影响，推迟了播种时间，但在2022年5月中旬仍然获得了丰收。

（三）扩大种植区域

2022年以来，山西省组织有关专家和朔州市骏宝宸科技有限公司、清徐县金牧源种植有限公司、山西地产投资有限公司等饲草龙头企业赴平遥县、介休市、榆社县、原平市、长治市屯留区、高平市、阳城县、泽州县等8个县（市、区）进行了实地考察、调研摸底，宣传推广冬闲田种植饲用小黑麦，组织饲草收贮企业与当地种植户对接。同时，结合各地实际，编制了晋中市、晋城市、长治市等地的饲用小黑麦技术推广方案，用于指导各地的种植工作。

（四）召开专门会议

2022年9月上旬，山西省农业农村厅在晋中市祁县举办了山西省冬闲田种植饲用小黑麦技术培训班及现场推进会，大力推进冬闲田种植饲用小黑麦技术，会上签订饲用小黑麦种植面积达5.49万亩。

（五）扩大种植面积

2022年9月下旬以来，山西省农业农村厅大力推进冬闲田种植饲用小黑麦，共利用冬闲田种植饲用小黑麦5.5万亩。

四、示范推广效果

经初步总结，利用冬闲田种植饲用小黑麦具有八大好处。一是充分利用了冬闲田。将玉米等作物收获后的冬闲田种植饲用小黑麦，不与粮争地，提高了土地利用率，扩大了饲草种植面积。二是种植区域广。能够种植冬小麦的地方就适宜种植饲用小黑麦，比燕麦草种植范围广。三是填补优质饲草空档期。饲用小黑麦在每年的5月中旬收获，这期间正是饲草青黄不接季节，可避免青贮小麦事件发生。四是可以替代燕麦草。饲用小黑麦粗蛋白含量在10%以上，比燕麦草蛋白质含量高，适口性好，是替代牛场急需的燕麦草等禾本科干草的理想选择。五是抗逆性强。饲用小黑麦遗传了黑麦的优异性状，具有较强的抗旱、抗寒特性。六是产草量高。饲用小黑麦在有灌溉条件下，亩产鲜草3.5 t，亩产干草700 kg，比种植燕麦草高出75%以上。七是经济效益显著。饲用小黑麦与玉米轮作，可以增加一季收入，每亩可多增收500～700元。八是增加土地绿化面积。将冬闲田种植饲用小黑麦后，既绿化了国土空间，又起到了防风固土作用。

第八章

山西饲草产业高质量发展建议

根据中国淀粉工业协会的统计，我国历年的玉米消费结构中有55%用作了饲料，如将口粮和家畜的饲料分开来计算，我国口粮早已满足，而饲料则严重不足，而且随着人们生活水平的提高和畜牧业的快速发展，饲料的缺口将越来越大。这个缺口需要牧草（含饲用植物）来填补，而不是粮食。而适时收获的饲用植物，其营养物质比籽实还多3～5倍。我国以稀缺的水土资源在保证粮食自给而略有盈余的前提下，应尽可能多地生产数倍于粮食营养物质的优质牧草（含饲用植物），以满足饲料的需要。在耕地上发展饲草，实现了化草为粮，玉米籽粒和秸秆一起全株饲用，既保障了粮食播种面积，又提高了秸秆利用率，土地产出率提高30%左右。因此，树立大食物观，要认识到种草也是种粮。

一、加大政策扶持，培育企业集群

国家应加大对饲草产业的政策支持力度，各地也应积极出台饲草产业发展优惠政策，要加快土地流转或托管步伐，为饲草产业的健康发展奠定坚实的工作基础；加大对饲草种植加工企业购置进口牧草加工设备和贮草棚建设的补贴力度；加快培育新型草牧业经营主体，加大对联户经营、专业大户、家庭农场、农民合作社等扶持力度。鼓励和引导工商资本发展现代饲草和草食畜牧业，培育一批发展潜力大、科技含量高、市场竞争力强的草食畜龙头企业集群，创建一批享誉国内外的草产品知名品牌；加快发展饲草饲料种植、收割、贮运和销售等社会化服务组织，采取政府订购、定向委托、奖励补助、招投标等方式，引导经营性服务组织参与公益性服务，切实提高饲草机械设备的利用率；鼓励开拓、融合线上线下饲草产品加工销售渠道，打造全方位、立体化产加销新模式。

一是要加大对饲草龙头企业的政策支持力度，要关注主产区龙头企业的发展，积极保护和激发龙头企业的活力和信心，确保草产业的核心生产力。二是控制土地租赁价格在合理水平。当前的土地租赁价格越来越高，各地政府应加强宣传，积极引导，将饲草种植土地的租赁价格控制在合理水平，防止产业的微薄利润被土地租金随意涨价而侵占。三是要积极争取将草产品列入高速公路绿色通道，合理减少公路运输的物流成本，增加饲草企业经济效益。四是要进一步争取将苜蓿、燕麦草、饲用小黑麦等优质饲草列入"粮改饲"内容，和青贮玉米享有同等的重视程度，大力发展优质饲草种植和收贮。

二、建设饲草基地，完善产业体系

以满足优质奶牛、肉牛、肉羊养殖饲草需求为目标，夯实饲草料生产基础，建立苜蓿制种基地、高产优质苜蓿示范基地、燕麦草生产示范基地，全面推广全株玉米青贮，提高商品草质量和供给水平，为草食畜牧业高质量发展提供优质饲草保障。加强饲草科技成果转化和示范引领作用，形成具有较强科技创新能力和技术引领作用的草产业主体，强化现代草牧业生产基地的标准化、产业化、品牌化建设，逐步建立完善现代草产业发展体系。

山西省山阴县、怀仁县、应县、文水县、祁县等以牛羊草食畜为主导产业的县区，畜牧业生产总值在农业生产总值中占比50%左右，这些县的耕地种草面积占比很大，而且随着草食畜的发展，现有种草面积不能满足草食畜需求。为此，建议以草食畜为主导产业的县区，应树立"为养而种"的理念。在确保完成粮食生产任务的基础上，放手让群众种植优质饲草，以利于当地牛羊主导产业高质量快速发展。

建议各牛羊养殖场要围绕牧场建基地，走草牧一体化发展之路。推进饲草料种植和奶牛、肉牛、肉羊养殖配套衔接，在养殖场周边建设一定的牧草基地，就地就近保障饲草料供应，促进种养结合发展。牛羊规模场要与牧草生产龙头企业建立战略合作关系。按照产业发展规律，要专业的人去做专业的事，每个环节分工明确又紧密合作，才是促进产业健康持续发展的正确之道。另外，沼液还田应与优质青贮牧草生产相结合。不管是牧场流转土地，还是草企流转土地，都涉及牧场沼液还田问题，沼液还田应与优质青贮牧草生产相结合，促进农牧良性循环。

要加强牧草生产管理，注重干草调制环节管控，提高一级及以上苜蓿草产品质量，提高优质牧草生产水平。一是要加强田间管理。通过田间管理，提高草田的质量控制，基本措施包括杂草控制、病虫害控制，水肥控制。二是要强化加工合作。提高田间饲草加工比例、收获打捆技术水平与机械效率，做好天气预测预报信息系统、机械设备配套系统，解决一些中小型企业和合作社的机械合作、技术协调等问题。三是要完善运储装备。提高储藏运输管理技术与设施能力，避免优质饲草生产之后，在储藏运输管理过程中发生霉变，保存叶量、控制干燥度，防止降低饲草的应用质量。四是要强化科技支撑。尽快完善并出台饲草产业各项技术标准，打造饲草产业标准联合体，指导各地对优质饲草实行分级机制，提高优级、特优级饲草生产比例，切实提升优质饲草产品质量。饲草企业开展产品品牌建设，打造山西饲草品牌，塑造山西饲草良好形象。

三、挖掘资源潜力，提升产业水平

目前，山西省粮食作物复播面积36.74万hm^2，其中复播玉米面积32.14万hm^2，占复播面积的87%，复播大豆面积1.75万hm²，占复播面积的5%左右。运城复播面积21.81万hm²，临汾复播面积12.66万hm²，晋城复播面积2.7万hm²，因此，在晋南地区麦后复播饲草潜力巨大。特别是近年以来北部饲草龙头企业与四川、云南、贵州、陕西等地的牛羊养殖企业签订了长期的青贮玉米订单，可为晋南青贮玉米提供稳定的市场销售渠道，带动晋南地区青贮玉米复播工作。

据统计，2020年太原市种植玉米面积3.2万hm²，晋中市种植玉米面积20.9万hm²，吕梁市种植玉米面积16.9万hm²，仅三个市合计种植玉米面积41.0万hm²。饲用小黑麦作为禾本科一年生（越年生）冷季型饲草，能充分利用冬、春的冷凉季节（冬闲田）进行饲草生产，在冬春枯草季节为家畜提供优质青饲料，在太原、晋中、吕梁等区域利用冬闲田种植小黑麦饲草潜力巨大。

鼓励饲草企业在种植技术、生产加工、质量控制、产品销售和服务客户等各个环节与互联网深度融合，充分利用物联网、大数据、云计算等技术潜力，促进资源节约、需求聚集、效率提升、服务转型。充分发挥"互联网+"的作用，尽快建立、完善立足山西面向全国的山西省饲草交易和服务信息平台，推动产品个性化定制、一站式服务。健全制度规范和技术标准，完善质量追溯、检验检测等数据共享机制，实现数据自动化采集、网络化传输、标准化处理和可视化运用，为检验检测机构、生产主体和社会公众提供全程信息服务。

四、紧跟产业发展形势，强化服务体系建设

时刻关注和积极参与与优质饲草产业和草牧业发展紧密相关的政策性项目。一是"粮改饲"试点。在东北黑土区、陕北、甘肃、内蒙古、河北、山西、西南云贵高原等农牧交错带继续推行，该试点支持青贮玉米、苜蓿、燕麦、甜高粱等种植和收贮。二是"振兴奶业苜蓿发展行动"。将进一步扩大高产优质苜蓿种植示范，每年增加100万亩，争取集中政策资金，集中优质企业、集中科技力量，形成和壮大更多、更高新的产业集群区。三是秸秆饲料化利用。可继续推广秸秆青贮、黄贮和微贮，提高秸秆的饲料化利用。四是100个牛羊生产大县的评定活动。农业农村部有5亿补贴，要配合牛羊生产大县的打造，就地解决高产稳定的粗饲料供应基地建设问题。五是黄河流域草牧业高质量发展示范。选择草牧业发展快、带动能力强的黄河流域县域，大力推广在不适合种粮食的坡地、沙改地种青贮玉米和饲草，带动农牧民增收，增加牛羊肉等紧缺畜产品供给。六是现代种业提升工程。建设草种良繁基地，加快草种保育扩繁推一体化进程，为优质饲草的产业提供良好的保证，发挥种子"芯片"的作用。

建立健全草产业科技创新联盟，打造产业集群，助推产业创新，紧密结合优质饲草的生产，以应对奶牛、肉牛、肉羊、兔等草食动物和草食家禽所需要的不同等级的优质饲

草。通过科技创新，通过企业的提质升级和创新开发，打造科学的有效的产业集群，解决优质饲草生产和草食动物在利用饲草料过程当中存在的短板问题、卡脖子问题。

优质的草种才能产生优质的饲草，加大优质饲草供种能力保障山西饲草的品质。支持优质饲草草种良种创新和繁育，建立健全优质饲草草种质量检测和评价体系，推进优质饲草种子"育、繁、推"一体化发展。加强对优质饲草良种繁育基础设施建设的支持，完善育种基地田间工程，配套种子收获、清选、加工、包装、检验检测等设施设备。推进良种提质，培育和审定一批国产优质饲草新品种，加大高产、优质、抗逆品种的推广力度。鼓励研究人员以技术、品种和产品入股企业，实施多元化融合，深度推进科研成果转化。

五、按照发展规划，指导产业提升

经过"十三五"期间的发展，山西饲草产业雏形已具。"十四五"期间山西省饲草产业，继续以习近平新时代中国特色社会主义思想为指导，紧紧围绕全方位推动高质量发展，坚持把饲草产业作为畜牧业"五五战略"的重要内容，按照"南北互补、中部突破、全面发力、整体提升"的总体思路，以市场为导向，以科技为支撑，以提高土地综合利用率和产出率为途径，以拓面增量、提质增效为主攻方向，建设优质饲草种植基地、优质饲草良种繁育基地和饲草加工收储基地，加快建立规模化种植、标准化生产、产业化经营的现代饲草产业体系，努力把山西省打造成全国优质饲草供应地，为草食畜牧业提档升级、保障国家粮食安全提供有力支撑。

种养结合，草畜配套：推行以需定产、为养而种，提高饲草供应与草食家畜养殖规模、利用模式的适配度，促进种养良性循环。因地制宜，多元发展：充分挖掘耕地、盐碱地、滩涂地、边坡地、农闲田等各类土地资源潜力，分类施策，良种良法配套、农机农艺结合，构建多元化饲草生产体系。突出重点，统筹推进：优先发展全株青贮玉米、苜蓿、饲用燕麦、饲用小黑麦等市场急需的优质饲草，兼顾饲用大豆、饲用高粱等其他饲草品种。市场主导，创新驱动：建设完善立足山西、面向全国的饲草交易平台；积极培育壮大市场主体；加快技术创新、模式创新、产品创新，提高饲草产业质量效益和竞争力。

到2025年，全省饲草种植面积达到21.33万hm^2，产量达到1 000万t。饲草亩产提高10%以上，二级以上苜蓿干草达90%以上，进口苜蓿替代25%以上。牛羊饲草需求保障率达80%以上。饲草良种覆盖率达90%以上。饲草生产与加工机械化率达80%以上。

适应草食畜牧业发展需求，因地制宜挖掘生产潜力，统筹各类饲草资源，集成推广配套发展模式，加快建立饲草生产、加工、流通体系，促进饲草产业与草食畜牧业协同发展。北部地区：雁门关农牧交错带以满足奶牛、肉羊饲草需求，种养结合为主，以对外商品化生产为辅。积极发展人工种草，推行种养结合、就近利用模式，优先满足区域内草食畜饲草需求，饲草品种重点发展苜蓿、青贮玉米、饲用燕麦等优质饲草。中部地区：以满足晋中市、吕梁市肉牛饲草需求为主，种养结合和商品化生产相互兼顾、均衡发展。饲草品种重点发展饲用小黑麦、青贮玉米、饲用高粱等。南部地区：以商品草销售为主，兼顾本地草食畜需求。饲草品种重点发展青贮玉米、饲用大豆等。东南部地区：以提高秸秆饲料化利用率为主，兼顾发展青贮玉米和优质苜蓿种植。饲草品种重点发展青贮玉米、优质苜蓿等品种。

在合理规划饲草种植土地和饲草产业发展布局的同时，加强生产技术指导和科技支撑作用，推广先进的草牧业技术，促进优质饲草提质增量，同时建立和完善质量检测制度，推动建立第三方检测制度，使饲草产业逐步迈上好地种植好草、好草产出好效益的良性发展道路。

第九章

"十四五"饲草产业发展规划

第一节 "十四五"全国饲草产业发展规划

饲草是草食畜牧业发展的物质基础，饲草产业是现代农业的重要组成部分，是调整优化农业结构的重要着力点。为加快建设现代饲草产业，促进草食畜牧业高质量发展，提升牛羊肉和奶类供给保障能力，根据《国务院办公厅关于促进畜牧业高质量发展的意见》，制定本规划。

一、发展形势

（一）发展成就

党中央、国务院高度重视饲草产业发展。"十三五"以来，国家相继实施草原生态保护补助奖励、粮改饲、振兴奶业苜蓿发展行动等政策措施，草食畜牧业集约化发展步伐加快，优质饲草需求快速增加，推动饲草产业发展取得积极成效。

一是优质饲草供应能力稳步提升。2020年全国利用耕地（含草田轮作、农闲田）种植优质饲草近8 000万亩，产量约7 160万t（折合干重，下同），比2015年增长2 400万t。其中，全株青贮玉米3 800万亩、产量4 000万t，饲用燕麦和多花黑麦草1 000万亩、产量820万t，其他一年生饲草1 500万亩、产量约1 200万t，优质高产苜蓿650万亩、产量340万t，其他多年生饲草1 000万亩、产量约800万t。全株青贮玉米、优质苜蓿平均亩产分别达到1 050 kg、514 kg，比2015年分别提高19.6%、11.5%。同时，草原牧区积极推进人工饲草地建设，刈割利用水平稳步提升，年可供干草约1 000万t。

二是产业素质明显提高。2020年全国饲草种子田面积138.4万亩、种子产量9.8万t，比2015年分别增长4.4%和8.9%，饲草供种能力持续增强。80%的全株青贮玉米由种养一体或订单收购方式生产，90%的优质苜蓿基地由专业化饲草企业建设，生产组织化程度明显提升。饲草加工业快速发展，全国草产品加工企业和合作社数量达到1 547家，比2015年增长近2倍；优质商品草产量996万t，增长27%。饲草产品质量稳步提升，90%的全株青贮玉米达到良好以上水平，苜蓿二级以上占70%。

三是生产模式多元发展。各地立足气候条件和资源禀赋，探索形成了一批饲草产业发展典型模式。河西走廊、北方农牧交错带、河套灌区、黄河中下游及沿海盐碱滩涂区统筹畜牧业发展和生态建设，大力发展苜蓿等优质饲草，培育了一批饲草产业集群。东北、西北地区积极推广短生育期饲草，种植模式实现"一季改两季"。各地在全面推广全株青贮玉米的基础上，还因地制宜选择饲用燕麦、黑麦草、苜蓿、箭筈豌豆、小黑麦等饲草品种开展粮草轮作，推行豆科与禾本科饲草混播或套种，土地产出率大幅提高。

四是支撑保障作用有效发挥。优质饲草供应增加，有力支撑了牛羊规模养殖发展，促进了草食畜牧业提质增效。从2015年到2020年，奶牛规模养殖比重从48.3%提高到67.2%，单产从5.5 t提高到8.3 t，每产出1 t牛奶的精饲料用量减少12%；肉牛、肉羊规模养殖比重分别从27.8%、36.7%提升到29.6%、43.1%，肉牛出栏活重从416 kg增加到479 kg，肉羊出栏率从94.6%提高到106.2%。人工种草持续发展，推动牧区养殖由传统放牧向舍饲半舍饲加快转变，有效缓解了天然草原放牧压力，实现了生产生活生态协调发展。268个牧区半牧区县牛羊肉产量五年间增长22.1%，天然草原平均牲畜超载率从17%下降到10.9%。

五是综合效益不断显现。各地实践证明，在耕地上发展饲草，实现了化草为粮，玉米籽粒和秸秆一起全株饲用，既保障了粮食播种面积，又提高了秸秆利用率，土地产出率提高30%左右。1亩优质高产苜蓿提供的蛋白相当于2亩大豆，还能有效改善土壤通气透水性能、增加有机质、提升地力。在盐碱地、滩涂上种植耐盐碱饲草品种，不仅增加了饲草供应，而且改良了土质，形成了土地增量。在黄河流域、草原等生态保护重点区域发展人工种草，涵养了水源，减少了水土流失，遏制了草原退化、沙化、盐碱化趋势。

（二）困难挑战

我国饲草产业整体起步较晚，生产经营体系尚不完善，技术装备支撑能力不强，在规模化、机械化、专业化方面与发达国家相比还有不小差距，也缺乏健全配套的政策保障体系支持。对饲草在优化农业结构、保障粮食安全上的地位和作用，尚未达成广泛共识，部分地方顾虑多，进一步发展面临不少制约。

一是种植基础条件较差。发展规模化、机械化种草，要求土地平整度、水利设施配套等方面具备相应条件。目前，饲草种植多数为盐碱地、坡地等，配套灌溉、机械化耕作等基础条件的地块不多，加之建设投入少，大多数达不到高标准种草要求，产量不高，优质率低，种植效益不佳，制约饲草产能提升。

二是良种支撑能力不强。我国审定通过的604个草品种中，大部分为抗逆不丰产的品种，缺少适应干旱、半干旱或高寒、高纬度地区种植的丰产优质饲草品种。国产饲草种子世代不清、品种混杂、制种成本高等问题突出，良种扩繁滞后，质量水平不高，总量供给不足，苜蓿、黑麦草等优质饲草种子长期依赖进口。

三是机械化程度偏低。国内饲草机械设备关键技术研发不足，产品可靠性、适应性和配套性差的问题较为突出，大型饲草收获加工机械大多靠国外引进，适宜丘陵山地人工饲草生产的小型机械装备缺乏。机械装备与饲草品种、种植方式配套不紧密，饲草生产农机社会化服务程度低等都制约机械化生产水平的提升。

（三）发展机遇

"十四五"及今后一个时期，我国饲草产业发展将处于重要战略机遇期，具备诸多有利条件。

一是政策环境有利。《国务院办公厅关于促进畜牧业高质量发展的意见》对健全饲草料供应体系提出明确要求。乡村振兴全面推进，脱贫地区牛羊等特色产业不断发展壮大，将为饲草产业发展提供强大动力。发展多年生人工草地、草田轮作是固碳增汇的重要手段，在实现碳达峰碳中和过程中有望发挥积极作用。随着对饲草产业地位和作用的认识不断深化，产业发展环境持续改善，政策保障体系逐步健全，将为现代饲草产业发展提供有力支撑。

二是市场需求旺盛。当前我国城乡居民草食畜产品消费处在较低水平，2020年，我国人均牛肉和奶类消费量分别为6.3 kg、38.2 kg，只有世界平均水平的69%、33%，未来还有不小增长空间。要确保牛羊肉和奶源自给率分别保持在85%左右和70%以上的目标，对优质饲草的需求总量将超过1.2亿t，尚有近5 000万t的缺口，饲草产业市场前景看好。

三是发展空间广阔。我国年降水量400 mm以下地区的耕地、盐碱地、水热条件较好的草原等土地资源存量大，通过开展土地平整、土壤改良和宜机化改造，改善灌溉排水等基础设施条件，可建成一批集中连片、产出稳定、品质优良的标准化人工饲草生产基地。利用农闲田、果园隙地、四边地等土地种草已具备较为成熟的技术和模式，开发利用潜力巨大。

二、总体思路

（一）指导思想

以习近平新时代中国特色社会主义思想为指导，深入推进农业供给侧结构性改革，以拓面增量、提质增效为主攻方向，优布局、壮主体、育良种、强支撑，加快建立规模化种植、标准化生产、产业化经营的现代饲草产业体系，推动高质量发展，为草食畜牧业提档升级、保障国家粮食安全提供有力支撑。

（二）主要原则

——种养结合，草畜配套。推行以需定产、为养而种，提高饲草供应与草食家畜养殖规模、利用模式的适配度，促进种养良性循环。

——因地制宜，多元发展。充分挖掘耕地、滩地、草原、草山草坡、撂荒地、农闲田等各类土地资源潜力，立足不同地区气候、水土等自然条件，分类施策，良种良法配套、农机农艺结合，构建多元化饲草生产体系。

——突出重点，统筹推进。优先发展全株青贮玉米、苜蓿、饲用燕麦等市场急需的优质饲草，兼顾其他饲草品种。优先保障奶牛养殖的优质饲草需求，逐步提高肉牛肉羊优质饲草饲喂比重。

——市场主导，创新驱动。充分发挥市场在资源配置中的决定性作用，积极培育壮大市场主体。更好发挥政府作用，完善支持政策体系，补齐产业发展短板。加快技术创新、模式创新、产品创新，提高饲草产业质量效益和竞争力。

（三）发展目标

到2025年，饲草生产、加工、流通协调发展的格局初步形成，优质饲草缺口明显缩小。全国优质饲草产量达到9 800万t，牛羊饲草需求保障率达80%以上，饲草种子总体自给率达70%以上，饲料（草）生产与加工机械化率达65%以上。

三、区域布局

适应草食畜牧业发展需求，因地制宜挖掘生产潜力，统筹各类饲草资源，集成推广配套发展模式，加快建立饲草生产、加工、流通体系，促进饲草产业与草食畜牧业协同发展。

（一）东北地区

积极发展人工种草，推行种养结合、就近利用模式，优先满足区域内饲草需求，鼓励有条件的地区发展商品草生产。饲草品种重点发展全株青贮玉米、苜蓿、饲用燕麦，兼顾羊草等品种。推广苜蓿与无芒雀麦混播、粮食作物与优质饲草轮作等种植模式，推进农作物秸秆与优质饲草混贮，提高秸秆饲料化利用效率。饲草产品以裹包全株青贮玉米、青贮苜蓿、青贮燕麦为主，部分区域可适度发展一部分优质苜蓿、饲用燕麦干草。

（二）华北地区

调整玉米利用方式，推行种养一体化发展模式，提升区域内优质饲草自给能力。饲草品种重点发展全株青贮玉米和优质苜蓿，适度发展饲用燕麦、小黑麦、饲用高粱、饲用谷子等品种。大力推广饲草雨养旱作、节水灌溉与配方施肥等技术，推行粮食作物与优质饲草轮作、"苜蓿—玉米"套种等种植模式。突出发展青贮饲草产品，部分地区可适度发展苜蓿和饲用燕麦等干草，黄河滩区、盐碱滩涂等地区可因地制宜发展全株玉米和苜蓿青贮的商品化生产。在部分农牧交错带区域，大力发展商品草生产，稳步推进豆禾混播放牧草地建设。

（三）西北地区

积极推进粮改饲，实现草畜配套。饲草品种以苜蓿和全株青贮玉米为主，兼顾饲用燕麦、猫尾草、红豆草等生产。大力发展旱作节水饲草生产，推广配方施肥和水肥一体化技术，探索粮食作物与优质饲草复种、果草套种等种植模式，推广豆禾混播饲草种植。饲草产品以干草、裹包青贮为主，有条件的地区发展草颗粒、草粉等产品。积极发展优质商品苜蓿种植、收储、加工、流通，打造全国重要的优质商品苜蓿草供应基地；在甘肃、内蒙古、宁夏、新疆部分地区布局建设饲草种业基地，提升优质苜蓿、饲用燕麦、红豆草等饲草种子生产和供应能力。

（四）南方地区

利用撂荒地、冬闲田、果园隙地、橡胶林下地等土地资源，推行特色化、差异化饲草发展模式。饲草品种以多花黑麦草、狗牙根、狼尾草、柱花草等为主，兼顾区域性特色饲草品种。重点发展鲜饲、青贮饲草产品。加快研制和推广适合南方丘陵山区刈割、运输高秆饲草的中小型饲草机械。在适宜地区开展草山草坡改良及人工混播饲草放牧地建植与管理。

（五）青藏高原

地区统筹推进人工种草和天然草原利用。饲草品种重点发展饲用燕麦、饲用黑麦、披碱草等禾本科饲草和箭筈豌豆等豆科饲草，兼顾芫根等特色饲草品种。探索推行豆禾混播、"青稞—箭筈豌豆"复种、黑麦与燕麦轮作等种植模式。饲草产品以干草为主，因地制宜发展裹包青贮等产品。在海拔较低且水热条件较好的地区，加强农牧耦合，建设高标准人工饲草料地，打造专业化饲草生产加工基地，保障区域内优质饲草均衡供应。

四、重点任务

（一）推进重要饲草生产集聚发展

1.发展优质苜蓿种植

大力推进西北、华北、东北和部分中原地区苜蓿产业带建设，建成一批优质高产苜蓿商品草基地，逐步实现优质苜蓿就地就近供应，保障奶牛规模养殖苜蓿需求。推广先进栽培技术、水肥一体化技术、生物灾害绿色防控技术、测土配方施肥技术、高效节水灌溉技术、裹包青贮技术和机械化收获技术等，推进苜蓿生产规模化、田间管理标准化和生产服务社会化。

2. 扩大全株青贮玉米生产

以农牧交错带以及牛羊传统养殖优势区为重点,支持龙头企业、农民专业合作社发展全株青贮玉米生产,建设一批专业化、集约化、高水平全株青贮玉米生产基地。推行青贮玉米与冬小麦、豆科作物、薯类作物等高效轮作生产模式。

3. 增加饲用燕麦供给

利用春闲田、秋闲田、中轻度盐碱地等土地资源,建设优质饲用燕麦生产基地。推广优良适宜品种,应用配套栽培技术、减肥增效养分管理技术、生物灾害绿色防控技术,提升饲用燕麦产量和营养品质。

4. 因地制宜推进饲草混播利用

在部分北方农牧交错带丘陵地区,建植高质量混播放牧饲草地,开展划区轮牧。在南方地区将产出效益低的天然草山草坡、低缓坡耕地和撂荒地改造成人工草地,种植多年生黑麦草、鸭茅、三叶草、臂形草、柱花草、狼尾草等多年生饲草品种,发展优质混播饲草生产。有条件的地方探索推广豆科与禾本科饲草混播混收混贮模式。

5. 强化牧区饲草保障

推进牧区高产稳产饲草生产基地建设,健全市、县、乡、村四级防灾减灾饲草保障体系。在北方草原和青藏高原地区,通过草地免耕补播等改良技术提升草原生产力,利用退耕已垦草原和水热条件较好草原发展多年生饲草种植;在农牧交错带发展苜蓿、羊草、披碱草、饲用燕麦、饲用黑麦、饲用高粱、饲用谷子、箭筈豌豆、紫云英等优质高产饲草生产基地。

(二)大力培育规模化集约化新型经营主体

6. 培育壮大龙头企业

引导龙头企业向饲草优势产区集中,加大资金、技术、人才等要素投入,加速企业集群集聚。推动饲草种植、收割、加工、储存、运输、销售全产业链一体化运营,探索"企业+农户""企业+合作社"等多种运行模式,形成稳定的产业联合体。

7. 发展种草养畜合作社和家庭牧场

培育一批守信用、会经营、善管理、带动能力强的种草养畜合作社和家庭牧场,加大良种供应、机械购置、基础设施配套、技术服务等方面扶持力度,引导草畜一体化发展。

8. 扶持专业化生产性服务组织

完善专业化社会化服务体系,鼓励行业协会、农民专业合作社等社会力量,围绕关键环节提供专业化服务。建立与区域饲草生产规模相匹配的生产性服务联结机制,提升饲草"种、收、加、储、运"能力。

（三）深入推进良繁体系建设

9. 加快培育优良品种

实施现代饲草种业工程，构建政府引导、企业主体、育繁推一体化的商业化育种体系。挖掘利用国内优良饲草种质资源，推进区域试验、生产性试验等育种工作，加快培育一批区域适应性强、产量高、饲用价值优、抗逆性好、抗病性强、耐盐碱的饲草新品种。支持建立原种保种基地，完善适宜不同区域的公益性饲草品种繁育保障体系。

10. 推进良种扩繁

在甘肃河西走廊支持建设温带暖温带饲草繁种核心区，辐射带动内蒙古、青海、宁夏、新疆等地区，突出苜蓿、全株青贮玉米、饲用燕麦等重点品种，兼顾黑麦草、饲料油菜、高丹草、无芒雀麦、羊草、鸭茅、饲用黑麦、箭筈豌豆等特色品种。在海南支持建设热带亚热带饲草繁种核心区，辐射带动广东、广西、重庆、四川、贵州、云南等地区，突出柱花草、狼尾草、臂形草、雀稗、小黑麦、甜高粱、狗牙根等重点品种。支持各地因地制宜建设区域性饲草繁种基地，聚焦主导品种，加快良种扩繁，提升区域内饲草供种能力和种子质量。

11. 完善种质资源保护体系

健全中心库、备份库、种质保存圃相结合的国家饲草种质资源保存利用体系。建立饲草种质资源创新技术体系，开展重要性状表型精准鉴定和基因发掘，创制目标性状突出、育种价值大的新种质。完善饲草品种检测体系，实施特异性、一致性和稳定性测试及区域适应性测试。

（四）加快构建现代化加工流通体系

12. 加快提升机械化水平

加大饲草产业化全程机械研发推广力度，提高青贮切碎、籽粒破碎、秸秆揉丝、干草打捆等自动化水平，提升高等级饲草产品产出率。加快研发推广适宜丘陵山区优质饲草生产加工机械，推进丘陵山区人工种植草地宜机化改造。加强饲草种子专用收获机械研发和推广，提高种子收获效率。

13. 开发多样化产品

大力支持便于商品化流通的饲草产品生产加工。提升高密度苜蓿、燕麦干草捆和窖贮青贮生产水平，积极发展裹包青贮、袋贮、草块、草颗粒、草粉等产品种类。

14. 推动产销有效对接

加强饲草流通、配送体系建设，培育一批大型饲草配送企业。构建饲草产业产销对接信息平台，促进种养主体有效对接，实现优质饲草产加销信息互联互通。鼓励饲草生产企业和种养一体化企业应用物联网、移动互联网等信息技术和设施装备，开展智能化、精细化生产经营，提高饲草从种到用全过程信息化水平。

五、保障措施

（一）加强组织领导

各地要高度重视饲草产业发展，推动纳入地方国民经济和社会发展规划。因地制宜制定本地区饲草产业发展规划，建立规划落实组织协调机制，积极主动协调相关部门，形成工作合力，确保各项措施落到实处。

（二）加大政策支持

统筹用好各类财政专项资金和基本建设投资，加大对饲草产业发展的扶持。创新资金使用方式，发挥好财政资金引导作用，调动生产经营主体积极性。探索推进土地经营权、大型种植机械抵押贷款，支持有条件的地区按照市场化和风险可控原则，积极稳妥开展抵押贷款试点。鼓励有条件的地方探索开展饲草种植保险。

（三）完善统计监测

建立健全饲草产业统计制度，建设完备高效的饲草统计监测体系，提高统计数据质量，准确研判供需形势。开展多种形式统计培训，提升基层统计员业务水平。研究探索全株青贮玉米、苜蓿等优质饲草与粮食折算关系。

（四）增强科技支撑

组建"产、学、研、推"紧密结合的饲草产业科技创新平台，加强核心技术与设施装备研发。加快制定饲草生产关键环节技术规程，完善产业标准体系，加强标准推广应用。加快新品种、新技术、新产品示范与推广，增强全产业链技术支撑能力。

（五）强化法治保障

进一步完善饲草产业管理法规制度体系，修订《草种管理办法》等部门规章，完善饲草品种审定管理规定和饲草种子认证等制度体系。依法开展饲草种子和饲草产品质量安全监管，推进饲草产业规范化发展。

第二节　山西省"十四五"饲草产业发展规划

饲草是草食畜牧业发展的物质基础。饲草产业是现代农业的重要组成部分，是调整优化农业结构的重要着力点，是山西省畜牧业"五五战略"的重要组成部分。为把饲草产业打造成山西省畜牧业主导产业，促进草食畜牧业高质量发展，根据《国务院办公厅关于促进畜牧业高质量发展的意见》和《"十四五"全国饲草产业发展规划》，制定本规划，规划期为2021—2025年。

一、发展形势

近年来，山西省积极实施草原生态保护补助奖励、粮改饲、振兴奶业苜蓿发展行动和雁门关农牧交错带建设项目，草食畜牧业快速发展，优质饲草需求快速增加，带动饲草产业快速发展。

（一）发展成就

1. 优质饲草生产能力稳步提升

2020年山西省优质饲草种植面积达252万亩，位居全国第9位，比2015年新增111万亩，其中苜蓿种植面积48.3万亩，青贮玉米种植面积145.1万亩，饲用燕麦种植面积27.2万亩，其他饲草种植面积31.4万亩。全省优质饲草产量达到496万t。

2. 产业组织化水平明显提高

2020年山西省85%的全株青贮玉米通过种养一体或订单收购方式生产和销售，95%的优质苜蓿基地由专业化饲草生产加工企业建设，生产组织化程度明显提升。全省饲草种植加工企业数量达到263家，比2015年增长近3倍；饲草产品质量稳步提升，80%的全株青贮玉米达到良好以上水平，苜蓿二级以上占到70%。

3. 多元生产模式初步形成

充分利用山西省南北狭长、纬度气温相差较大的特点，探索推广"南北互补、粮草兼顾、农牧循环"模式，积极开展麦后复播饲草，推广青贮玉米深松密植高产新技术，探索建立了"小麦+青贮玉米""小麦+饲用大豆""两茬青贮玉米+小麦""青贮玉米+饲用燕麦""青贮玉米+苜蓿""青贮玉米+饲用小黑麦"等组合模式，实现了经济效益、社会效益、生态效益共赢。

4. 支撑保障作用有效发挥

优质饲草供应增加，有力促进了草食畜牧业高效发展。2020年山西省奶牛存栏38.2万头，比2015年增长79.2%，奶产量117万t，每产出1 t牛奶的精饲料用量减少12%。全省肉牛存栏79万头、出栏48万头，比2015年增长近2倍。全省羊存栏970万只、出栏573万只，比2015年分别增长58.5%、16.5%。

5. 综合效益不断显现

人工种草的实践证明，在耕地上发展饲草，实现了化草为粮，玉米籽粒和秸秆一起全株饲用，既保障了粮食播种面积，又提高了秸秆利用率，土地产出率提高30%左右。1亩优质高产苜蓿提供的蛋白相当于2亩大豆，有效改善土壤通气透水性能、增加有机质、提升地力。在盐碱地、滩涂上种植耐盐碱饲草品种，增加了饲草供应，改良了土质。

（二）困难挑战

山西省饲草产业整体起步较晚，生产经营体系尚不完善，技术装备支撑能力不强，缺乏健全配套的政策保障体系支持，进一步发展面临不少制约。

1.种植基础条件较差

发展规模化、机械化种草，要求土地半整度、水利设施配套等相应条件。目前，山西省饲草种植多数为盐碱地、坡地等，灌溉、机械化耕作条件差，建设投入少，达不到高标准种草要求。

2.良种支撑能力不强

山西省审定通过的饲草品种较少，缺少适应干旱、半干旱或高寒、高纬度地区种植的丰产优质饲草品种。苜蓿、饲用燕麦等优质饲草种子长期依赖进口，良种扩繁滞后，质量水平不高，总量供给不足。

3.机械化程度偏低

国内饲草机械设备关键技术研发不足，产品可靠性、适应性和配套性差，大型饲草收获加工机械大多靠国外引进，价格高、投入大，制约了饲草产业规模化发展。

4.区域发展不平衡

山西省北部雁门关区域由于有土地、政策等优势，饲草产业发展势头较好，草牧业已形成一定规模。其他区域受土地面积、市场需求等影响，饲草产业发展相对滞后。

5.饲草品质不稳定

受种植环境、技术、机械等因素影响，山西省的饲草品质不稳定，缺乏与市场对应的品质评价标准，导致饲草销售难以以质定价。

（三）发展机遇

"十四五"及今后一个时期，山西省饲草产业发展将处于重要战略机遇期，具备诸多有利条件。

1.市场前景好

按照全国制定的确保全国牛羊肉和奶源自给率分别保持在85%左右和70%以上的目标，全国对优质饲草的需求总量将超过1.2亿t，尚有近5 000万t的缺口，山西省饲草供给缺口也近500万t，市场前景看好。

2.发展空间大

据统计，山西省玉米收获后适合种草的晋中、太原盆地冬闲田约330万亩，适合麦后复播饲草的运城、临汾、晋城等地面积为482万亩。另外，山西省还有果园572万亩、复垦地69万亩、沿黄河滩涂地60万亩，这些都为饲草产业提供了较大的发展空间。

3. 产业基础实

山西省饲草加工企业263家，拥有大量先进的饲草收获加工设备，年加工能力1 260万t。特别是朔州市作为全国唯一的草牧业整市推进市，饲草种植面积和产量占到全省的1/3以上。

二、总体思路

（一）指导思想

以习近平新时代中国特色社会主义思想为指导，紧紧围绕全方位推动高质量发展，坚持把饲草产业作为畜牧业"五五战略"的重要内容，按照"南北互补、中部突破、全面发力、整体提升"的总体思路，以市场为导向，以科技为支撑，以提高土地综合利用率和产出率为途径，以拓面增量、提质增效为主攻方向，建设优质饲草种植基地、优质饲草良种繁育基地和饲草加工收储基地，加快建立规模化种植、标准化生产、产业化经营的现代饲草产业体系，努力把山西省打造成全国优质饲草供应地，为草食畜牧业提档升级、保障国家粮食安全提供有力支撑。

（二）主要原则

1. 种养结合，草畜配套

推行以需定产、为养而种，提高饲草供应与草食家畜养殖规模、利用模式的适配度，促进种养良性循环。

2. 因地制宜，多元发展

充分挖掘耕地、盐碱地、滩涂地、边坡地、农闲田等各类土地资源潜力，分类施策，良种良法配套、农机农艺结合，构建多元化饲草生产体系。

3. 突出重点，统筹推进

优先发展全株青贮玉米、苜蓿、饲用燕麦、饲用小黑麦等市场急需的优质饲草，兼顾饲用大豆、饲用高粱等其他饲草品种。

4. 市场主导，创新驱动

建设完善立足山西、面向全国的饲草交易平台。积极培育壮大市场主体。加快技术创新、模式创新、产品创新，提高饲草产业质量效益和竞争力。

（三）发展目标

到2025年，山西省饲草种植面积达到320万亩，产量达到1 000万t。饲草亩产提高10%以上，二级以上苜蓿干草达90%以上，进口苜蓿替代25%以上。牛羊饲草需求保障率达

80%以上。饲草良种覆盖率达90%以上。饲草生产与加工机械化率达80%以上。

三、区域布局

适应草食畜牧业发展需求，因地制宜挖掘生产潜力，统筹各类饲草资源，集成推广配套发展模式，加快建立饲草生产、加工、流通体系，促进饲草产业与草食畜牧业协同发展。

（一）北部地区

雁门关农牧交错带以满足奶牛、肉羊饲草需求，种养结合为主，以对外商品化生产为辅。积极发展人工种草，推行种养结合、就近利用模式，优先满足区域内草食畜饲草需求，饲草品种重点发展苜蓿、青贮玉米、饲用燕麦等优质饲草，打造一批优质苜蓿、青贮玉米和饲用燕麦干草生产基地。

（二）中部地区

以满足晋中市、吕梁市肉牛饲草需求为主，种养结合和商品化生产相互兼顾、均衡发展。饲草品种重点发展饲用小黑麦、青贮玉米、饲用高粱等，打造一批饲用小黑麦和青贮玉米生产基地。

（三）南部地区

以商品草销售为主，兼顾本地草食畜需求。饲草品种重点发展青贮玉米、饲用大豆等，积极推广麦后复播饲草，加快发展裹包青贮玉米生产，提升区域内饲草生产社会化服务水平，打造面向华南、华中、西南的商品草生产销售基地。

（四）东南部地区

以提高秸秆饲料化利用率为主，兼顾发展青贮玉米和优质苜蓿种植。饲草品种重点发展青贮玉米、优质苜蓿等品种，打造适合本地肉羊发展需求的秸秆饲草料基地。

四、重点任务

（一）推进重要饲草生产集聚发展

1. 发展优质苜蓿种植

大力推进雁门关地区苜蓿产业带建设，逐步实现优质苜蓿就地就近供应，保障奶牛规模养殖苜蓿需求；扩大晋南地区苜蓿基地建设面积，建成一批优质高产苜蓿商品草基地。推广苜蓿全程机械化生产、先进栽培技术、水肥一体化技术、生物灾害绿色防控技术、测土配方施肥技术、高效节水灌溉技术和裹包青贮技术等，推进苜蓿生产规模化、田间管理标准化和生产服务社会化。到2025年全省苜蓿留床面积保持在50万亩。

2. 扩大全株青贮玉米生产

以雁门关农牧交错带以及牛羊传统养殖优势区、玉米种植优势区域为重点，支持饲草龙头企业、农民专业合作社发展全株青贮玉米生产，建设一批专业化、集约化、高水平全株青贮玉米生产基地。推广青贮玉米深松密植高产等先进技术，推行青贮玉米与冬小麦、饲用小黑麦等高效轮作生产模式。到2025年全省全株青贮玉米种植面积达到210万亩。

3. 增加饲用燕麦供给

利用冷凉地区轻度盐碱地、坡地等土地资源，在朔州市平鲁区、右玉县等地建设优质饲用燕麦生产基地。推广优良适宜品种，应用配套栽培技术、减肥增效养分管理技术、生物灾害绿色防控技术，到2025年全省饲用燕麦种植面积达到30万亩。

4. 扩大饲用小黑麦生产

充分利用太原、晋中、忻州、吕梁、长治等地冬闲田种植饲用小黑麦，在晋南地区推广饲用小黑麦与青贮玉米轮作模式，不断扩大饲用小黑麦种植面积，到2025年全省饲用小黑麦种植面积达到30万亩。同时，在晋中市平遥县、灵石县、榆社县等地打造饲用小黑麦特色商品草生产基地，带动饲用小黑麦生产加工，丰富山西省饲草产品种类，提升行业综合竞争力。

（二）大力培育规模化集约化新型经营主体

5. 培育壮大龙头企业

引导饲草龙头企业向优势产区集中，加大资金、技术、人才等要素投入，加速企业集群集聚。推动饲草种植、收割、加工、储存、运输、销售全产业链一体化运营，培育一批带动能力强、科技实力强、机械化水平强、创新意识强的链主式饲草龙头企业，积极发挥山西省牧草产业技术创新战略联盟作用，形成稳定的饲草产业联合体。

6. 发展种草养畜合作社和家庭牧场

培育一批守信用、会经营、善管理、带动能力强的种草养畜合作社和家庭牧场，加大良种供应、机械购置、基础设施配套、技术服务等方面扶持力度，引导草畜一体化发展。

7. 扶持专业化生产性服务组织

完善饲草专业化社会化服务体系，围绕饲草种植、收获、加工等关键环节提供专业化服务，建立与区域饲草生产规模相匹配的生产性服务联结机制，提升饲草"种、收、加、储、运"能力。

（三）深入推进良繁体系建设

8. 加快培育优良品种

挖掘利用省内优良饲草种质资源，推进区域试验、生产性试验等育种工作，加快培育、引进、改良一批适应性强、产量高、饲用价值优、抗逆性好、抗病性强、耐盐碱的苜蓿、饲用小黑麦、饲用大豆、饲用高粱等饲草优良品种。

9. 推进饲草良种繁育

聚焦主导品种，加快良种繁育，建设饲用小黑麦、饲用大豆、饲用燕麦等饲草良种繁育基地，建设青贮玉米新品种展示示范基地，提升全省饲草供种能力和种子质量。

（四）加快构建现代化加工流通体系

10. 提升饲草机械化水平

加快引进、配套先进的饲草种植、灌溉、收获、加工和贮运等机械设备，实现饲草生产加工全程机械化，切实提升饲草加工能力和水平，力争全省饲草年加工能力达到1 500万t，生产加工全程机械化率达80%以上。

11. 提高加工收储能力

在完善雁门关区域饲草加工收储基地建设的同时，在山西省中南部布局建设20个饲草加工收储基地，提升区域内商品草收储、流通、配送能力，夯实中南部饲草产业集群建设基础。到2025年，全省饲草收储能力达到1 200万t。

12. 开发多样化产品

大力支持便于商品化流通的饲草产品生产加工。提升高密度苜蓿、燕麦干草捆、饲用小黑麦干草和窖贮青贮生产水平，积极发展裹包青贮、袋贮、草块、草颗粒等产品种类。

13. 建设饲草产品质量检测平台

建设一个商业化、高效化、快速化的服务全省、面向全国的饲草产品质量检测平台，提升山西省饲草产品质量快速检测能力，全面提升产业现代化水平。

14. 推动饲草产品品牌化建设

鼓励饲草企业开展产品品牌化建设，形成一批供应稳定、品质优越、产品多样的饲草品牌，塑造山西饲草良好形象。

15. 推动产销有效对接

建设完善山西饲草交易平台，吸纳饲草龙头企业、专业合作社、种植户、草食畜养殖场（户）、农资供应商以及饲草产品收购、加工、运输和经销商等上中下游主体，促进饲草产业产销对接、种养主体对接，实现优质饲草产加销信息互联互通。

五、保障措施

（一）加强组织领导

各地要高度重视饲草产业发展，推动纳入地方国民经济和社会发展规划。因地制宜制定本地区饲草产业发展规划，建立规划落实组织协调机制，积极主动协调相关部门，形成工作合力，确保各项措施落到实处。

（二）完善扶持政策

立足饲草产业发展和需求，完善政策和服务支撑体系，健全基于饲草产业链供应链的财政、交通、金融支持机制，支持产业链薄弱环节发展。加大对饲草机械购置的补贴力度，探索推进土地经营权、大型种植机械抵押贷款。鼓励有条件的地方探索开展饲草种植保险，在土地流转、场地租赁、产品销售、饲草运输等方面为饲草企业提供便利和服务。

（三）强化资金支持

结合当地实际，在利用好粮改饲、高产优质苜蓿项目等国家项目资金的同时，积极争取本级财政加大对饲草产业投入力度，发挥好财政资金引导作用，撬动社会资本投资发展饲草产业，调动生产经营主体积极性，不断扩大优质饲草种植面积。

（四）增强科技支撑

充分发挥山西省现代牧草产业技术体系、牧草产业技术创新战略联盟和山西农业大学草业学院等组织机构的作用，建设"产、学、研、推"紧密结合的饲草产业科技创新平台，加强饲草生产关键技术研发攻关。加快新品种、新技术、新模式示范与推广，增强全产业链技术支撑能力。

（五）推进标准化建设

加快制定饲草生产关键环节技术规程等地方标准，加强标准推广应用。全面梳理现有技术标准，建立健全山西省饲草等级规格、品质评价、包装标识、收贮等标准体系，建立与产业体系竞争力发展提升相适应的标准及技术规范，促进饲草产业高质量发展。

参考文献

蔡婷，王佐，杜杰，等，2022. 内蒙古饲草产业发展策略研究[J]. 当代畜禽养殖业（02）：57-59.

陈谷，邰建辉，2010. 牧草质量及质量标准[C]. 首届中国奶业大会论文集（上册）：93-96.

陈建涛，黄涛，熊万光，2013. 浅谈"育繁推一体化"种子企业发展战略[J]. 中国农技推广（S1）：61-64，70.

陈晓，许艳华，耿青松，2020. 青贮玉米高效种植与利用技术[M]. 北京：中国农业科学技术出版社.

程朋，2016. 基于遥感技术的山西高原植被覆盖变化及其驱动机制[D]. 太原：太原理工大学.

楚建强，平俊爱，张福耀，等，2022. 雁门关畜牧生态区青贮玉米绿色生产标准化栽培技术[J]. 现代农业科技（10）：16-18.

高菲，王铁梅，卢欣石，2022. 2021我国商品饲草生产形势分析与2022年趋势展望[J]. 畜牧产业（03）：32-37.

关文超，宋献艺，杨裕，等，2018. 创新机制重塑山西饲料行业健康发展新局面[J]. 山西农业科学46（06）：1039-1043.

和建英，2020. 青贮饲料的管理及饲用注意事项[J]. 畜牧兽医科技信息（01）：174.

贺忠勇，陈万发，2013. 青贮玉米的种植及其在奶牛生产中的应用[J]. 中国奶牛（07）：61-63.

黄玲，曹银萍，孙好亮，2016. 测土配方科学施肥技术[M]. 北京：中国农业科学技术出版社.

李丹丹，巩皓，刘国富，等，2019. 不同叶面肥对紫花苜蓿生长、产草量和品质的影响及效益比较[J]. 草地学报，27（06）：1718-1724.

李金平，温新惠，2004. 论种子公司如何实现育、繁、推一体化[J]. 宁夏农林科技（03）：48-49.

李源，2021. 青贮玉米标准化生产技术手册[M]. 北京：中国农业科学技术出版社.

刘晚红，贺晓梅，2013. 青贮饲料的制作与利用[J]. 养殖技术顾问（08）：81-81.

卢欣石，2020. 卢欣石：2020我国饲草商品生产形势分析与2021年展望[EB/OL]. 荷斯坦公众号.

卢欣石，2020. 卢欣石：我国草产业进入到蓬勃发展的阶段 扶持力度翻倍[EB/OL]. 荷斯坦公众号.

芦艳珍，韩小英，张蕾，等，2020. 基于GIS的山西有效积温时空变化分析[J]. 山西农业科学，48（11）：1829-1834，1860.

孟凯，李星月，冀晓婷，等，2019. 氮、磷、钾配施对草原3号苜蓿干草产量的影响[J]. 中国草地学报，41（03）：107-114.

孟庆翔，杨军香，2016. 全株玉米青贮制作与质量评价[M]. 北京：中国农业科学技术出版社.

苗树君，曲永利，杨柳，等，2007. 不同收获期玉米青贮营养成分在奶牛瘤胃内降解率的研究[J]. 动物营养学报，19（02）：172-176.

牧草体系办，2022. 2021主要草产品和草食畜产品贸易动态[EB/OL]. 草牧经微信公众号.

孙洪仁，卜耀军，杨彩林，等，2020. 黄土高原紫花苜蓿土壤有效磷丰缺指标与适宜施磷量研究[J]. 中国草地学报，42（02）：41-46.

田国珍，米晓楠，王志伟，等，2018. 山西省近10a来农业气象灾害及其特征分析[J]. 山西农业科学，46（11）：1887-1892.

王加亭，2020. 未来我国草牧业发展机遇以及政策支持情况[EB/OL]. 荷斯坦公众号

王新宇，申晨，霍文婕，等，2021. 雁北地区不同品种玉米全株青贮发酵品质及细菌群落结构分析[J]. 草地学报，29（05）：1087-1093.

王洋，崔国文，尹航，等，2019. 施肥对紫花苜蓿生产性能及营养品质的影响[J]. 草业科学，36（03）：793-803.

王增远，陈秀珍，孙福贵，2009. 牧草小黑麦及其产业化优势[C]. 中国草学会饲料生产委员会第15次饲草生产学术研讨会论文集：43-46.

卫琳，2020. 卫琳：2020全国奶产量增9.7% 荷斯坦奶牛存栏增9.8% 优质苜蓿缺口100万t[EB/OL]. http://www.hesitan.com/nnyw_xjxm/2021-01-18/368961.chtml.

许庆方，张翔，崔志文，等，2009. 不同添加剂对全株玉米青贮品质的影响[J]. 草地学报，17（02）：157-161.

闫文杰，赵美清，柳泽新，等，2017. 山西草地资源及其利用现状、问题与对策建议[J]. 畜牧兽医杂志，36（03）：49-52.

杨海蓉，周怀平，解文艳，等，2015. 山西省农作物秸秆资源量及时空分布特征[J]. 山西农业科学，43（11）：1458-1463.

杨军，李高磊，丛建辉，等，2018. 近60年山西省气候变化趋势及其对粮食作物产量的影响[J]. 资源开发与市场，34（10）：1389-1396.

杨娜，2020. 山西省土地生态可持续发展评价研究[D]. 哈尔滨：哈尔滨工业大学.

余苗，王卉，问鑫，等，2013. 牧草品质的主要评价指标及其影响因素[J]. 中国饲料（13）：1-3，7.

原彩萍，职璐爽，2021. 基于熵权模糊集对法的山西水资源脆弱性评价[J/OL]. 水资源保护. https://kns.cnki.net/kcms/detail/32.1356.tv.20210529.1644.002.html.

张国宏，张冬峰，赵永强，等，2020. 气候变暖背景下山西区域地表干湿状况变化[J]. 干旱区地理，43（02）：281-289.

张蕾，韩小英，芦艳珍，等，2020. 山西省无霜期时空变化特征研究[J]. 农业灾害研究，10（07）：80-82.

张延林，2020. 张延林：青贮短缺&饲料涨价 国内牧草产业面临的形势[EB/OL]. 荷斯坦公众号.

张艳柏，2003. 青贮饲料感观鉴定指标[J]. 北方牧业（16）：25.

Adesogan T，Adesogan，2006. How to Optimize Corn Silage Quality in Florida[C]. Proceedings 3rd Florida Dairy Production Conference，Gainesville.

Arbabi S，Ghoorchi T，Hasani S，2009. The effect of delay ensiling and application of an organic acid-base additives on the fermentation of corn silage[J]. Asian Journal of Animal and Veterinary Advances，4：219-227.